计及元件故障的电力系统输电阻塞评估和辨识方法的研究

甘　明　谢开贵　著

中国财富出版社

图书在版编目（CIP）数据

计及元件故障的电力系统输电阻塞评估和辨识方法的研究/甘明，谢开贵著．
—北京：中国财富出版社，2017.4

ISBN 978 - 7 - 5047 - 6444 - 7

Ⅰ.①计…　Ⅱ.①甘…　②谢…　Ⅲ.①输电线路—电力系统运行—阻塞—研究　Ⅳ.①TM726

中国版本图书馆 CIP 数据核字（2017）第 077740 号

策划编辑	郑欣怡	**责任编辑**	徐　宁	
责任印制	方朋远	**责任校对**	孙丽丽	**责任发行**　敬　东

出版发行　中国财富出版社

社　　址　北京市丰台区南四环西路 188 号 5 区 20 楼　**邮政编码**　100070

电　　话　010 - 52227588 转 2048/2028（发行部）　010 - 52227588 转 307（总编室）
　　　　　　010 - 68589540（读者服务部）　　　　　010 - 52227588 转 305（质检部）

网　　址　http://www.cfpress.com.cn

经　　销　新华书店

印　　刷　北京九州迅驰传媒文化有限公司

书　　号　ISBN 978 - 7 - 5047 - 6444 - 7/TM・0002

开　本	710mm×1000mm　1/16	**版　次**	2017 年 6 月第 1 版
印　张	7.75	**印　次**	2017 年 6 月第 1 次印刷
字　数	139 千字	**定　价**	32.80 元

前　言

　　受输电线路热容量和系统稳定性的限制，输电线路输送功率达到或超过输电容量限制时会出现阻塞现象。通常，根据电力系统拓扑结构、电气参数、运行参数及负荷水平等确定性信息，通过潮流分析，即可判断阻塞是否发生。这种阻塞判断方法为传统的确定性方法，即只能给出某时刻是否阻塞的判断，而不能给出阻塞程度的描述。

　　在电力系统运行及电力市场中，存在多种不确定因素，例如，负荷预测的不确定性、发电计划的随机性、电力设备（发电机、线路、变压器等）故障的随机性、电价的不确定等，这些都会引起输电阻塞的不确定性。因此，除了知道阻塞的确定性判断外，电力系统运行人员还需要知道阻塞的程度，即未来一段时间内阻塞出现的概率、频率以及线路裕度等信息。另外，对存在输电阻塞的系统，如果能辨识引起输电阻塞的关键元件，并从源头上采取相应措施，可望从本质上缓解或消除输电阻塞。因此，计及不确定因素的输电阻塞评估、输电阻塞关键元件的辨识等研究可为电力系统运行、检修、维护等提供更充分的决策依据，具有重要的理论和工程实用价值。

　　本书对计及元件故障等不确定因素的输电阻塞评估方法、电力系统输电阻塞跟踪及薄弱环节辨识方法等进行了研究；在此基础上，进一步研究了含风电场的电力系统输电阻塞评估。本书主要内容如下：

　　（1）为克服大多数方法只能针对单一潮流断面阻塞分析的不足，结合负荷时序变化特点，基于负荷时序曲线分析输电阻塞现象的概率特性，利用聚类分析法对负荷进行分层分级，基于 Monte Carlo 法建立计及负荷曲线的多时段的输电阻塞概率评估模型。以 IEEE—RTS 为例，利用评估模型计算出单一输电线路阻塞概率指标，验证了评估模型的可行性和正确性。

　　（2）分别从输电元件和系统层面提出刻画阻塞程度的指标体系。评估输电元件阻塞程度的指标包括：线路阻塞概率、线路阻塞频率、线路阻塞容量和线路受阻电量；评估系统阻塞程度的指标包括：系统阻塞概率、系统阻塞频率、系统阻塞容量和系统受阻电量。该指标体系从两个层面（输电元件、系统）、三个方面（概率、频率和容量）建立较完备的指标体系，其既能从整体上评估系统阻塞状况，又能给出输电元件阻塞的严重程度。

（3）计及电力元件（发电机、线路、变压器等）随机故障等不确定因素，基于非时序 Monte Carlo 模拟法，建立输电阻塞的概率评估模型。基于 Monte Carlo 法抽取元件状态，形成系统状态，并计算系统故障状态潮流，通过机组调度和负荷削减等措施，以判断输电元件的阻塞状况。如果输电元件发生阻塞，则累计阻塞指标，重复抽样，直至抽样完成，最后计算出系统和每一输电元件的阻塞概率、阻塞频率、阻塞容量和受阻电量。以 IEEE—RTS 为例进行算例分析，验证了模型的有效性和正确性；同时，算例结果表明电力元件的可靠性参数、负荷削减策略等对输电阻塞指标均有较大影响。

（4）为从源头上找到系统输电阻塞的"诱因"，借鉴可靠性跟踪技术，提出阻塞跟踪的准则，即故障元件分摊准则、比例分摊准则，建立输电阻塞跟踪模型及 Monte Carlo 求解方法。对某一抽样状态，若系统出现阻塞，则基于比例分摊方法将该状态出现的概率和频率、失去的电量等指标分摊到各故障元件。基于所有系统抽样状态，各元件累计各自分摊到的指标，即可得到各元件的阻塞跟踪指标，实现输电元件（系统）阻塞指标的跟踪，从而辨识引起输电元件（系统）阻塞的薄弱环节。以 IEEE—RTS 为例进行算例分析，结果表明本书提出的阻塞跟踪模型及算法可将阻塞指标公平合理地分摊到各元件，并辨识引起输电阻塞的关键元件。

（5）由于风电具有间歇性、波动性等特点，其并网后对电网调度、运行等均会产生影响。为刻画风电场并入电网对输电阻塞的影响，提出风电出力对输电阻塞的贡献指标体系，以描述风电场并入电力系统对输电阻塞变化的贡献；建立计及风电场出力—负荷相关性的大电网系统输电阻塞评估模型。从系统输电阻塞角度，定义风电场的发电容量可信度；建立基于 Monte Carlo 法的计及元件故障的风电场容量可信度模型，提出该模型的二分法求解算法。以 IEEE—RTS 修改系统作为算例，分析并入风电场位置及容量对系统输电阻塞的影响。

本书在写作过程中参考了一些国内外文献资料，在此，谨向这些著作者表示真诚的感谢。由于时间仓促，不足之处在所难免，欢迎广大读者批评指正。

作　者
2017 年 2 月

目　录

1 绪论

1.1 引言

电力体系改革和电力市场的逐步形成，提高了电力生产效率，改善了电能质量，并使全社会从改革中得到更好的经济和社会效益。与此同时，深刻的电力体制变革给电力系统运行和规划带来了巨大的挑战，这就需要对市场环境下支撑电力系统运行、规划和管理等相关决策研究的理论和应用技术加以更新、扩充和开拓。

在竞争电力市场中，发电竞争、输电开放和用户选择已成为其三大支柱。作为电能输送通道的输电系统将发电厂和用户连接起来，其开放运行不仅波及整个电力系统的安全性和可靠性，而且还会严重影响市场效率。我们知道，输电元件受其热容量及系统稳定性等限制，当输电元件的输送功率达到或超过输电容量时会引起阻塞现象[1]。一旦发生输电阻塞，电力系统的充裕性和安全性会受到严重威胁，不仅影响电能交易计划的实现，而且还会影响资源的优化配置及利用，更为严重的是，因市场力的滥用可能引起电价扭曲[2]。对电力系统运行人员而言，若能获取丰富的输电阻塞信息，则有利于其采取有效的措施，遏制输电阻塞的发生，以确保电力系统安全和经济运行。

通常，输电阻塞发生后，通过调整发电机组出力、启用灵活交流输电FACTS（Flexible Alternative Current Transmission System）设备和削减负荷等措施，以消除输电阻塞。但是，这种阻塞管理往往导致发电成本的急剧增加，即产生阻塞成本，例如，美国PJM电力市场2004年和2005年总阻塞成本分别高达7.5亿和2.09亿美元。自2000年以来，其总阻塞成本占年总成本的6%～10%[3]。

一般情况，根据电力系统拓扑结构、电气参数、运行参数及负荷水平等确定性信息，通过潮流分析，即可判断阻塞是否发生。显然，这种阻塞判断方法为传统的确定方法，只能给出是否阻塞的判断，即确定性判别，而不能给出输电阻塞程度的描述，如发生的概率、频率等信息。

在电力系统运行及电力市场中，负荷会随时间发生日、周、年等周期性的变化，确定的负荷水平只能体现某时刻的负荷水平，不能反映负荷时序变化的特征。除负荷因素外，还存在其他不确定因素，如发电计划的随机性、设备（发电机、线路、变压器）故障的随机性、电价的不确定等。这些因素都会引起输电阻塞的不确定性。因此，电力系统运行人员除了要知道阻塞的确定性判断外，还需知道阻塞的程度描述，即未来一段时间内阻塞出现的概率、频率以及线路裕度等信息。

由此可知，传统阻塞模型未计及元件随机故障、未考虑负荷时序变化等因素，属确定性输电阻塞模型，其指标只能回答是否出现阻塞，而难以刻画其受阻程度等信息。计及元件故障等不确定因素、考虑负荷时序变化等输电阻塞模型，可提供输电阻塞的程度描述，提供更丰富的阻塞信息，该研究具有重要的理论意义和工程实用价值。

开放的输电网、日益增多的跨区域电能交易，尤其是国内大区域电网互联以及西电东送等项目的实施，使得输电阻塞问题越发严重[4]。为了减少甚至避免阻塞费用的产生，需建立有效的输电阻塞评估模型，提前决策电力系统运行的调度方式，以确保电力系统安全、经济运行。有效的输电阻塞评估就是在建立一套全面、系统的输电阻塞评估指标体系的基础上，运用评估方法确定未来一段时间内输电阻塞概率、阻塞频率以及阻塞容量等相关量，发现阻塞程度严重的输电线路。根据输电阻塞评估结果启动阻塞预案，选择经济手段和技术措施等尽可能消除输电阻塞，减小市场风险，降低系统阻塞费用，促进电网安全经济运行。

目前，在关于输电阻塞产生机理、输电阻塞模型、消除阻塞的手段、阻塞成本分析等方面已有大量研究成果[1−3,5]。消除阻塞措施主要集中在FACTS技术、优化机组再调度和经济手段。由于网络参数会影响潮流的分布，因此可利用FACTS装置改变网络参数，调节系统的潮流分布，从而达到缓解甚至消除输电元件阻塞状况的目的[6,22]。实时阻塞管理常采用发电机组重新调度、负荷削减等措施以消除或缓解阻塞。

机组调度模型通常表示为一优化规划模型，其目标函数为经济性（阻塞成本）最好或负荷削减量最小，约束因素包括电压和输电容量等运行条件、公平竞争和资源优化等[7−8,11−13,23]，以确定参与调整的发电厂、负荷及其调整量。在电力市场下，可利用价格信号促使市场参与者自发调节交易量，避开输电阻塞。引入阻塞价格因子不失为一种好的策略。当系统发生阻塞时，以电网用户的初始交易量或报价为依据，电力系统运行人员便可算出各用户的价格阻塞因子，其效果类似于最优潮流调度，可以消除系统阻塞现象。由此出现了基于节点电价法[20]、区域电价法及输电权的输电阻塞管理的新模式[16]。然而，这些成果大多是基于确定性阻塞模型，仅有几篇文章以输电阻塞概率为例探讨了输电阻塞的不确定性[17,24−25]。笔者目前还未查阅到能够描述输电阻塞严重程度的完整、系统的指标体系。

如前所述，对电力系统进行输电阻塞评估的价值在于为有效的阻塞管理提供丰富的决策信息。通过对电力系统输电阻塞评估，获得定量的输电阻塞指标并对其进行比较分析，找到系统中阻塞程度严重的输电元件——输电薄弱环节。为确保电网安全经济运行，需采取有效的经济手段和技术措施解决阻塞问题。我们知道，采取措施的前提是必须探究发生输电阻塞现象的根源，找出引起系统中出现输电阻塞的薄弱环节，即辨识引起输电阻塞的关键元件。

输电系统结构复杂，包含元件众多，如发电机组、输电线路、变压器等，它们对输电元件（或系统）阻塞的影响各不相同。如果能找到一种合理的阻塞分摊的方法，即在对系统进行阻塞评估求出阻塞指标的基础上，量化各元件对阻塞指标承担"责任"大小，就可以确定引起阻塞的主要元件，辨识引起系统出现输电阻塞的薄弱环节，而输电阻塞跟踪正是要研究这个问题。输电阻塞跟踪是一种辨识引起系统输电阻塞薄弱环节的重要技术。该问题的研究可指导FACTS设备的配置和选型，为运行和规划人员优化系统设计和运行维护关键部件的选择提供理论依据。

近年来，随着全球气候变暖，加之石油价格波动等因素引起世界能源危机，国际社会越来越重视再生能源的利用，发展再生能源相关政策和法规也在不同国家陆续出台。除中小型水电需分步发展外，风力作为一种可再生能源，适合大规模开发，并因其成本低、风电技术成熟，风电已在许多国家（如中国、丹麦、美国等）得到快速发展。丰富的风能资源为我国风力发电快速发展创造了有利条件，风力发电已成为电力系统的重要电源。据预测，到2020年，我国并网风电装机累计将达到2×10^5 MW，年发电量超过3.9×10^8 MWh，其中海上风电装机达到3×10^4 MWh[26]。

　　虽然能源危机会因风电并网得到一定缓解，但也增加了电力系统输电阻塞评估的难度。风是风电的动力，具有间歇性和波动性特点，这就决定了风电出力具有随机性，使得风电不同于火电、水电和核电等常规发电，其出力不易调度和控制，势必对电力系统的输电阻塞产生较大影响。还有，负荷与风速一样也随时间变化，并受温度、季节、天气等气候因素的影响。

　　同时，风速时间序列与时序负荷不是相互独立的随机变量，它们具有一定的相关性。因此，在评估含风电场的电力系统输电阻塞时不能忽略这种相关性对系统输电阻塞的影响。另外，风电场接入电力系统对系统输电阻塞的变化具有一定的"贡献"，应进一步提出刻画风电场对输电阻塞影响的"贡献"指标，建立相应的含风电场的输电阻塞评估模型。

1.2　电力系统输电阻塞指标

　　目前，关于系统输电阻塞程度评估方面的研究相对较少，仅少量文献提出了单一的输电阻塞指标。文献［27］［28］提出了输电线路无功和有功潮流的灵敏度指标——输电阻塞分布因子 TCDF（Transmission Congestion Distribution Factors）。根据 TCDF 的相似性将系统划分为不同区域，易发生阻塞区域的 TCDF 值具有大且不均匀的特点，可通过重新调度位于这些区域发电机组的有功来缓解系统输电阻塞。文献［29］从电力系统的热、电压、稳定性限制角度，提出了系统安全指标（System Security Index）及相关灵敏度指标。

　　电力市场运行表明，电价是反映输电阻塞的最重要信号。阻塞发生时，因线路传输功率受限，不仅使系统运行的可靠性受到严重影响，而且还致使阻塞区域的电价远大于未阻塞区域[24]，因此，通过价格信号进行阻塞管理可以激励系统长期健康发展[30]。以电力市场自我调节角度来看，电价可以反映输电阻塞的状况，因而部分文献以电价的角度提出了输电阻塞指标。在电力市场中，最基本的定价概念是市场清算价格 MCP（Market Clearing Price）。在没有输电阻塞时，MCP 是整个系统的唯一价格。但是，当出现阻塞时，常常采用区域边际价格 LMP（Locational Marginal Price）。LMP 是发电边际成本、输电阻塞成本和网损成本的总和[31]。文献［32］从阻塞定价的角度，将输电阻塞成本指标 TCC（Transmission Congestion Cost）和区域边际价格 LMP 作为评估输电阻塞程度的指标。文献［33］提出了阻塞盈余指标（Congestion Surplus）。阻塞盈余是指由于输电阻塞引起的交易盈余。当采用区域定价方法消除输电阻塞时，由于电能输入区的市场清算价通常高于电能输出区，这样由电能输入区清算价和阻塞断面的电能输送所确定的购电费用（含阻塞附加费）要高于电能输出区清算价和阻塞断面的电能输送所确定的售电收入（含阻塞补偿收入），二者的差额就是阻塞盈余。

以上文献主要在系统安全性、电价方面探讨了输电阻塞指标。由于设备故障、检修或运行方式改变等，不能完全满足所希望的输电计划状态，出现输电元件的潮流超过允许极限，以及节点电压越限[34]，从而产生输电阻塞。电力系统安全性与系统负荷水平、网络拓扑结构、安全限制等因素有关[9]。从电价角度归根结底是以一种经济学方法研究阻塞。随着电力市场的开放，输电阻塞可以通过调节电价等经济手段得到改善，然而，输电阻塞在未实行电力市场前也是客观存在的。

另外，上述文献提出的阻塞指标是基于电力系统拓扑结构、电气参数、运行参数及负荷水平等确定性信息，根据确定性输电阻塞模型建立，其只能断定是否阻塞，不能从实质上刻画输电阻塞的程度。这是因为，输电阻塞的实质问题是输电元件输电受限，它涉及元件故障、负荷时序变化等关键因素。而上述指标却未考虑影响输电阻塞程度的关键因素——元件故障、负荷时序的随机变化。可见，这些研究中涉及输电阻塞最关键的问题未解决。

目前，仅有少量文献提出计及元件故障的单一的阻塞评估指标。文献[25]从输电线路层面提出了计及元件故障的输电阻塞指标——输电阻塞概率。该指标也仅以输电元件角度而未考虑系统层面，同时也无法实现对阻塞频率、线路裕度等的评估。

可见，到目前为止，还没有一套能够从本质上全面地、系统地刻画阻塞程度的指标体系，特别是计及元件故障的输电阻塞评估指标体系。因此，需要进一步深入研究输电阻塞的概率指标。

1.3　电力系统输电阻塞评估方法

电力系统输电阻塞可从时刻和时段两个不同时间尺度进行评估。

对某一时刻进行输电阻塞评估，即对电力系统某时刻（一个状态）输电阻塞的状况进行评估。现有电力系统输电阻塞的评估大多针对时刻进行。这类方法是在系统负荷水平固定、元件故障状态确定的前提下，即电力系统拓扑结构、电气参数、运行参数及负荷水平等信息均为确定性信息，通过潮流分析，判断阻塞是否发生。这种阻塞判断方法为传统的确定性方法。

对某一时段进行输电阻塞评估，即对电力系统多时段（多个状态）输电阻塞状况的评估。这类方法是一种概率性方法。概率性方法是根据元件故障和修复的统计值，通过对系统运行方式和元件故障模式的概率模拟，得到概率性指标。计算指标时，又可采用解析法和模拟法。

解析法是用数学模型描述元件或系统的寿命过程，通过计算模型计算输电阻塞指标。状态空间法和故障树法是解析法常用的方法。解析法常常需要先计算停运容量概率表，包括概率、累积概率、频率、累积频率，再结合负荷水平计算输电阻塞指标。

模拟法是用计算机模拟元件状态或元件状态的持续时间，即将元件或系统的状态或寿命过程通过计算机进行模拟，观察其模拟过程，分析模拟结果，计算输电阻塞指标。

在电力系统中，系统负荷水平随时间不断变化，设备（发电机组、输电线路、变压器）等会出现随机故障，时刻保持电力平衡是电力系统正常运转的基本要求。为维持电力平衡，电力系统的潮流、阻塞情况随时都在变化。目前，关于输电阻塞的研究大多针对电力系统某一时刻的输电阻塞状况进行评估，而对计及系统元件故障和负荷时序变化的输电阻塞评估模型的研究还很鲜见。

为了全面、客观地对系统输电阻塞状况进行评估，本书对传统的输电阻塞评估方法进行改进，即在评估过程中考虑负荷时序变化和元件随机故障等因素。通过模型改进，可实现输电阻塞从确定性评估模型转变为概率型模型；从对一个系统状态进行评估的单时刻评估到对多个系统状态进行评估的多时段评估；从单个阻塞指标到建立一套完备的、系统的指标体系。

在电力系统可靠性评估方面，国内外相关研究比较成熟，已建立了一套成熟的评估指标体系。采用概率评估模型可实现电力系统可靠性的多时段评估[35-40]。因此，本书借鉴电力系统风险评估方法对输电阻塞进行评估。

大电力系统可靠性评估的时段评估方法主要有：状态枚举法和 Monte Carlo 法，它们均属于状态选择法。通过以下步骤的迭代过程，可实现对复杂系统的评估：①选择一个系统状态；②分析系统状态，判断其是否是失效状态；③计算失效状态的评估指标；④累计指标。

系统状态选择的主要方法有状态枚举法和 Monte Carlo 法，它们都不依赖于系统状态。尽管计算指标的公式有差异，但其系统分析方法相同。状态枚举法和 Monte Carlo 法各有千秋。一般说来，状态枚举法适合于元件失效概率很小的情形；当运行工况复杂或有大量失效事件时，则 Monte Carlo 法更适合。

下面介绍状态枚举法和 Monte Carlo 模拟法。

状态枚举法[41]用以下的式子展开：

$$(P_1+Q_1)(P_2+Q_2)\cdots(P_i+Q_i)\cdots(P_N+Q_N) \qquad (1-1)$$

其中，P_i 和 Q_i 分别是第 i 个元件工作（运行）和故障（失效）的概率；N 是系统中的元件数。

系统状态概率为：

$$P(s) = \prod_{i=1}^{N_f} Q_i \prod_{i=1}^{N-N_f} P_i \qquad (1-2)$$

其中，N_f 和 $N-N_f$ 分别是状态 s 中故障和未故障的元件数量。

正常状态时，所有的元件在运行，$N_f=0$，则式（1-2）变为

$$P(s) = \prod_{i=1}^{N} P_i \qquad (1-3)$$

系统状态频率和平均持续时间

$$f(s) = P(s)\sum_{k=1}^{N}\lambda_k \qquad (1-4)$$

$$d(s) = \frac{1}{\displaystyle\sum_{k=1}^{N}\lambda_k} \qquad (1-5)$$

其中，λ_k 是第 k 个元件从状态 s 离开的转移率。如果第 k 个元件处于工作状态，则 λ_k 为失效率；如果第 k 个元件处于停运状态，则 λ_k 为修复率。

由式（1-2）可看出，所有枚举的系统状态互斥，因此所有失效状态概率之和就是系统的累计失效概率，即

$$P_f = \sum_{s\in G} P(s) \qquad (1-6)$$

其中，G 是所有失效状态的集合。

系统的累计失效频率为

$$F_f = \sum_{s\in G} f(s) - \sum_{n,m\in G} f_{nm} \qquad (1-7)$$

其中，f_{nm} 代表从状态 n 到状态 m 的转移频率。第二项表明系统失效状态间的所有转移频率必须从系统全部失效状态的频率的总和中减去。在实际电力系统风险评估中，经常忽略这一项，从而得出系统累计失效频率的近似表达式，即

$$F_f = \sum_{s \in G} f(s) \tag{1-8}$$

在实际系统中，正常状态和失效状态间的转移占据了支配地位，失效状态间的转移比较罕见，因此，这种近似是可接受的。

蒙特卡洛（Monte Carlo）法[42]的基本思想是用一个概率模型或随机过程描述实际问题。将参数作为该问题的解，然后通过对模型或过程的观察或抽样试验来计算所求参数的统计特征，最后得到所求解的近似值，用估计值的标准误差表示解的精确度。

Monte Carlo 法的优点是：可非常直观地模拟系统的实际运行情况，一些很难预料的事故容易被发现，模拟次数与系统规模无关，实践中各种控制策略也易于实施，在评估大型电力系统风险时，其优势更突出。

1.4　电力系统输电阻塞的跟踪和消除措施

从输电元件和电力系统层面提出的输电阻塞评估指标体系可以量化输电元件和系统阻塞程度，根据指标辨识阻塞程度严重的输电元件——输电薄弱环节。然而，电力系统出现输电阻塞往往源于电力元件随机故障、检修等，使得元件输送容量与额定容量间出现矛盾所致。只有找到引起输电阻塞的源头，即辨识引起输电阻塞的关键元件，采取相应技术和经济措施，才能从根本上消除或缓解电力系统输电阻塞。

1.4.1　电力系统输电阻塞跟踪

阻塞跟踪是一种辨识输电阻塞关键元件的重要技术。目前，跟踪技术已经应用在电力系统潮流跟踪和可靠性跟踪领域。

1.4.1.1　潮流跟踪

潮流跟踪是指在特定的运行状态下，通过对潮流的分析及计算，明确发电机或负荷功率在各输电元件中的分布状况，以此衡量它们对输电网络的使用程度，明确负荷对发电机的汲取以及输电线路的利用情况[43-46]。依据潮流

跟踪结果，可将输电费用和网络损耗公平合理地分摊到发电方和用户，跟踪结果为合理制定电价提供依据。

根据建模机制和分摊准则不同，潮流跟踪算法可分为功率跟踪法、电流跟踪法和功率解析法。

比例分摊准则是功率或电流跟踪常采用的原则[47-52]，即各输入支路的潮流混合形成每个节点输出支路的潮流，且节点输出支路的比率与输入支路功率占该节点总注入功率的比率相同。如图1-1所示，节点i与4条支路相连，其中注入流包括j和k支路，输出流包括m和l支路。注入节点i的总功率为$P_i = 60 + 40 = 100MW$，所以，线路$i-m$流出的70MW功率中，有$40 \times 70 / 100 = 28MW$来自线路$j-i$，有$60 \times 70 / 100 = 42MW$来自线路$k-i$。同样的，线路$i-l$流出的30MW功率中，有12MW来自线路$j-i$，有18MW来自线路$k-i$。

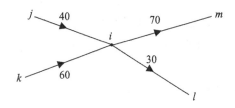

图1-1 比例分摊准则

1. 功率跟踪法

功率跟踪法本质上是拓扑分析方法。其思路如下：先计算系统交流潮流，功率跟踪遵循的比例分摊准则，把有损网络等效成无损网络，将有功、无功解耦形成无损的有功功率有向图和无损的无功功率有向图。根据有向图，按比例即可实现功率的分摊。

2. 电流跟踪法

与功率相比，电流在系统中没有损耗，而功率在系统流动中有损失。因此，通过跟踪电流可以实现潮流的准确跟踪。电流跟踪的思路如下：先计算系统潮流，根据计算结果，确定每个负荷从每个电源获得的电流，即电流跟踪，再将电流转化为功率，进而实现功率的跟踪。

3. 功率解析法

传统追踪法采用复功率负荷吸收功率追踪，这是一个有损耗且较复杂的顺流追踪问题。针对传统的流追踪问题，提出了功率解析法的潮流跟踪，以实现对传统的流追踪的改进。确定线路中的功率组成以及科学描述线路的使用程度是使用功率解析法的关键。

1.4.1.2 可靠性跟踪概况

在电力系统可靠性研究方面比较成熟，已经有完整的、系统化的可靠性评估指标体系，如失负荷概率 LOLP（Loss of Load Probability）、失负荷频率 FLOL（Frequency Loss－of－Load）、失负荷时间期望 LOLE（Loss of Load Expectation）、期望缺供电量 EENS（Expected Energy Not Supplied）等[35,53−55]。目前，已有学者将跟踪技术应用到对发电系统、大电网系统及一般复杂网络系统可靠性指标的跟踪[56−59]。文献［56］［59］提出的可靠性跟踪方法能够将系统可靠性指标公平合理地分摊到各元件，并有效地辨识出系统的薄弱环节。

从上述潮流跟踪、电力系统可靠性跟踪的方法可以看出，潮流跟踪、电力系统可靠性跟踪，是将潮流（功率）、可靠性风险指标分摊到故障元件中，根据故障元件对潮流、可靠性指标所做"贡献"的大小，辨识出引起潮流异常或可靠性指标异常的薄弱环节，从而辨识导致系统潮流或可靠性水平的源头。

1.4.1.3 输电阻塞跟踪

与潮流跟踪和电力系统可靠性跟踪一样，输电阻塞跟踪也可用于辨识引起输电阻塞的"源头"。目前，输电阻塞跟踪方法主要采用统计法、潮流方法、灵敏度法，这些方法都不能将阻塞责任分摊到故障元件上，难以找到引起输电阻塞的根源，难以实现输电阻塞预测。

上述潮流跟踪和可靠性跟踪的研究成果为进一步研究输电阻塞跟踪奠定了基础，借鉴其跟踪思想和方法，应用跟踪技术确定电力系统中每一个元件对系统输电阻塞指标的贡献，据此辨识引起输电阻塞的关键元件。

1.4.2 消除输电阻塞的措施

通过阻塞跟踪辨识输电阻塞的关键元件，为电力系统消除或缓解输电阻塞提供了有用的信息。

不同的电力市场模式应当采取不同的应对措施以缓解或消除阻塞。在选择消除阻塞的方法上，优先考虑从网络的物理特性方面解决问题。首先应采用调整网络结构和控制器参数的方式调节系统潮流，尽量不要更改发电计划，主要有以下方法：增加新的输电线路[60]、调节有载调压变压器的抽头[60]、启动 FACTS[61]。

上述方法需增加硬件设备，还可能受到地理环境等条件的制约。

当输电系统不能满足预期输电计划时，按照资源优化配置的原则，建立竞争机制，并以追求电力系统的经济性为目标，利用价格杠杆调节交易量，削减过载线路的潮流，达到消除阻塞的目的。这样的方法有：削减交易合同和调整输电计划、系统再调度、削减负荷和实行可中断负荷权、基于最优潮流（Optimal Power Flow，OPF）的实时电价/节点电价。

消除输电阻塞的具体措施归纳如下：

1. 基于价格区的阻塞管理[62-66]

世界第一个跨国电力市场是北欧电力市场，由四个国家（丹麦、瑞典、挪威、芬兰）组成。通常，系统运行机构凭借其经验划分 2～5 个价格区，并在实时市场前宣布这个决定。公布价格区划分后，根据发电机组和负荷的位置确定所属价格区域，每一个报价者必须按区域报价。报价分两种情况，一种是价格区之间未出现输电阻塞情况的报价，全电网统一电价；另一种是价格区之间出现输电阻塞，这时，报价者必须给出各自区域报价，电力富裕区域电价低，刺激该区域少发电多用电；而电力紧缺区域报价相对高，这种情况下，需采取增加发电措施，以达到缓解阻塞现象，同时也达到降低报价的目的。

2. 使用再调度（Redisptach）或"买回"的阻塞管理

采用"买回"方法管理阻塞的做法，在北欧电力市场的其他国家应用较广（比如瑞典）。一旦发生阻塞，系统运行机构总会尽量选择代价最低方式消除阻塞，即要使买或卖能量的成本最低。假如有 A 和 B 两个区域，若 A 到 B 的输电线路过载，意味着 A 区域必须少发电5MW，系统运行机构就要求 B 区域发电机多发电 5MW，即在 B 区购买的 5WM 电能刚好等于 A 区出售的 5MW 电能。该方法还有以下优点：利用同样的发电机调整机制实现负荷/频率控制，有利于系统运行机构实现"上浮"成本最低的经济调度。

3. 双边交易的削减

该种模式主要针对已提交并注册的双边交易合同。根据合同约定，一般情况下，系统运行机构是不允许随意削减双边交易的。但是，当系统中某些线路的容量已经超出其限定值，而其他负荷已经没有调整潮流的余量，由于电力系统必须时刻平衡，基于对电力系统安全运行的考虑，系统运行机构迫不得已必须削减双边交易。

为妥善处理好双边的经济利益关系，系统运行机构必须按照事先商定的标准削减双边合同。这些标准如下：

（1）以调整成本最小为目标[66-73]；

（2）以调整量最小为目标[67-68]或以最小化合同偏差的平方为目标[68]；

（3）基于直流/交流模式的发电机满意度为目标[68]；

（4）基于每个计划对安全约束的影响因子或敏感度。按影响因子或敏感度从大到小削减[69-70]；

（5）基于合同注册时间。先削减后注册的合同（last-in-first-out）；

（6）根据愿意支付的额外费用的多少，让参与者获得负荷不被削减的优先级；

（7）基于双边合同参与者为了避免重要合同被削减而愿意支付的输电电价[72]；

（8）基于模糊理论的双边交易削减[74]。

4. 使用输电权[75-81]

输电权就是拥有者被授予给定路径输送电能的能力。由于阻塞，输电权拥有者因网络约束，物理上不能使用这条路径，它就可以获得实时节点价差，以此作为对其的经济补偿。

由于网络约束，输电合同在执行中可能产生价格风险，使用输电权可以有效地解决这一问题。它不仅可以鼓励参与者加大对发电和输电资源的投入，而且，这种输电权还可以在二手市场采购到，使潜在的市场势力得到有效的抑制。

5. 进行电力需求侧管理

电力市场下，负荷既是市场参与者又是竞争者，还是协作者，完全打破了传统电力体制下的那种被动的、固定的受控制终端形象。在新的体制下，负荷在阻塞管理中起到重要的作用。

负荷常采用两种方式消除阻塞，即用电侧参与报价的双拍卖系统和实行可中断负荷方式。

在用电侧参与报价的双拍卖系统中，根据供需双方的报价，系统运行机构考虑各种网络约束条件，通过求解得到可行的经济调度方案，方案中，入围的上网容量和平衡点价格已计算出来了。此情形下，需求会发生变化，用户的支付愿望已体现在其报价中，只有当负荷成本低于其能量效益时，用户才购买能量，否则会减少用电需求。

可中断负荷有：容易重新安排生产计划的工业用户、拥有自备电厂的工业用户、愿意节约电费的居民用户[82]。可中断负荷的引入带来以下优势：一方面，系统阻塞得到缓解；另一方面，让更多的当地发电机组参与竞争，一定程度上稳定了报价，削弱了阻塞区的市场势力。

6. 使用 FACTS 装置处理阻塞

与发电机组再调度等其他阻塞管理手段相比，选择 FACTS 装置进行阻塞管理可以提高电力系统的经济效益。但 FACTS 装置一次性投资高，还需对其经济性进行综合考量。世界各国电力市场运行都存在高阻塞费用的问题，而利用 FACTS 装置实现对潮流综合控制可以快速高效地进行阻塞管理。随着电力电子技术突飞猛进的发展，FACTS 装置在阻塞管理方面具有更好的应用前景。

1.5 含新能源电力系统输电阻塞的研究现状

1.5.1 新能源发展现状

地球是人类绿色的家园，然而，过度工业化已经导致环境污染日益严重，加之能源紧张，人们的环保节能意识也逐渐增强。如何用"绿色"新能源替代传统能源已经引起世界各国的高度重视，许多国家已将合理开发、利用新能源作为节能环保的重要举措，并提升到国家战略高度[83]。科技日新月异，新能源发电技术日趋成熟，装机容量不断增加，以往新能源发电大多独立运行，如今，新能源发电并入大电网运行成为一种发展趋势。

下面简要介绍几种新能源的发电方式。

1. 风力发电

风能以其蕴量巨大，具有可再生性和无污染的优势，引起世界各国的高度重视，并进行开发利用。大气运动时具有动能，将这种动能转化为其他形式的能，就称为风能利用，比如风力发电、风帆助航等。其中，最重要的利用形式就是风力发电[84-85]。

风力发电的基本原理：天然风吹动转叶片，使其获得机械能，经过机械传动，通过齿轮箱提高转速带动发电机转子旋转发电。在新能源开发技术中，当前最成熟、最有规模化开发前景的发电方式就是风力发电，在新能源发电装机容量中位居第 1 位，是地球上增速最快的新能源。

中国的风能资源非常丰富，据初步估计，中国陆地风能可开发量为253GW左右，海上风能资源更大，估计可开发量约750GW[86]。国家发改委制定了中国中长期能源战略规划，以满足中国经济增长对电力的需求。在世界范围内，中国的风电装机容量所占比重较大，截至2010年年底，已达到44730MW，占全球的22.75％，已经超过美国，居全球第一位[87]。国家规划2015年和2020年风电装机分别为 1.0×10^5 MW 和 1.8×10^5 MW。2015年，新疆哈密风电基地规划风电装机容量大于6000MW，在新疆和西北并网，还与火电捆绑向华中负荷中心送电；2015年，甘肃酒泉风电基地规划风电装机容量大于10000MW，在本地区和西北并网，还向华中负荷中心送电；2015年，河北风电基地，规划风电装机容量大于11000MW，在华北并网，还向华东、华中负荷中心送电；2015年，山东沿海风电基地在推进开发陆地风电的同时，着重加快开发近海和潮间带风电，规划风电装机容量10000MW，主要在本地区并网[88-89]。

2. 太阳能发电

利用光电效应发电是太阳能发电的基本原理。太阳能电池组、蓄电池（组）、太阳能控制器构成了太阳能发电系统。在该发电系统中，核心部件是太阳能电池板，当太阳光照到太阳能板上时，会直接产生光生电流。其作用是把太阳的辐射能力转换为电能，或送往蓄电池中存储起来，或驱动负载工作。

3. 燃料电池

燃料电池是一种将储存在燃料和氧化剂中的化学能，直接转化为电能的装置。从外部源源不断地向燃料电池供给燃料和氧化剂时，它可以连续发电。因不受卡诺循环限制，能量转换效率高，这也是其优势。燃料电池具有洁净、无污染、噪声低、模块结构、使用灵活的特点，根据人们的需要，既可以选择分散供电，也可以选择集中供电[90-91]。

4. 沼气发电

随着沼气综合利用的不断发展，沼气发电成为一项新型沼气利用技术，把沼气作为发动机燃料驱动发电机产生电能。伴随城市化进程，大城市每天都会产生大量的垃圾，于是，垃圾沼气也成了一种用于发电的可再生资源。垃圾沼气发电不仅消耗大量废弃物，还能变废为宝，净化环境，一举多得[92]。

5. 潮汐发电

潮汐发电是利用潮水涨、落产生的水位差所具有的势能来发电的，其实质是把海水涨、落潮的能量变为机械能，再把机械能转换为电能（发电）的过程。

潮汐是蕴藏在海洋中蕴藏量非常巨大的可再生资源，世界海洋能蕴藏量 2×10^6 MW 左右，其中，8×10^5 MW 容量可开发利用，是可开发水电站容量的 1/5，因此，它具有极其庞大的开发潜力[93]。

6. 地热发电

地热是一种可再生的、洁净的能源。据测算，地球内部储存的热量大概是地球上煤炭储存量的 1.7 亿倍，可利用的地热量大约为 4948 万亿吨标准煤，按全球年消耗速度为 190 亿吨标准煤计算，这些能量能满足人类数十万年对能源的需求[94]。

近年来，日益高涨的环保要求及不断升级的能源紧张局面，促进了可再生能源的开发和利用。众所周知，不管哪种新能源发电，其大量接入电网都会给传统电网带来许多不利影响，具体涉及对电能质量、保护与控制等方面的影响。如何在减轻对现有电力系统影响的前提下，确保各种新能源发电安全可靠地接入，对智能电网而言，这既是其发展目标，也是其面临的一种挑战。

在上述新能源中，风能资源是最有开发利用前景和技术相对较成熟的一种新能源、清洁能源和可再生能源，其已成为新能源的重要组成部分，作为水电和火电的有力补充。

1.5.2 含新能源电力系统的输电阻塞

由于元件故障及负荷变化等不确定因素可能影响大电网系统可靠性和输电能力，造成系统输电阻塞，将风电场并入大电网可提高大电网的可靠性，改善其输电阻塞状况。由于风力发电具有间歇性、波动性的特点，有人认为风力发电是一种不可靠、不可控的发电形式，它只能提供能源，但不能替代一定量的发电容量。实际上，与传统发电方式相比，风力发电仍然可从发电量、系统风险（或可靠性）等角度刻画其容量可信度（Capacity Credit）。同时，风电场接入电力系统后，会在一定程度上影响电力系统输电阻塞状况。因此，研究和评估含风电电力系统的输电阻塞具有重要的价值。

目前，含风电电力系统输电阻塞的研究较少。文献［95］—［97］提出了并入风电的多水库水电系统日计划算法。算法中考虑到水电、风电共用输电线路，当系统发生阻塞时，遵循风电协同、水电优先原则，以风电削减量最小为目标函数，进行有效的阻塞管理。与风电不协同相比，风电协同可使水电部门获得额外收入，风能削减量大大减少。文献［98］给出了计及静态时序同步补偿器 SSCC（Static Series Synchronous Compensator）的一种改进潮流算法，其考虑了电压、热、稳定性以及电交易约束，可用于含高穿透风电电力系统的输电阻塞管理。文献［99］对含大规模风电的输电系统阻塞管理进行了研究，在考虑网络、市场和发电管理的前提下，提出一种输电阻塞管理的遗传算法。同时，该文献还提出用储能系统加强风电运行人员与输电系统运行人员 TSO（Transmission System Operator）协同的措施以避免大电网的输电阻塞。

以上研究主要集中在含风电电力系统输电阻塞的管理。目前，对含风电电力系统进行阻塞评估的研究还很鲜见。风电场对电力系统输电阻塞状况有一定影响，但由于风电间歇性、波动性等特点，使得确定常规发电机组容量的方法不能用来确定风电场的容量。如何衡量风电场的发电容量可信度（Capacity Credit）是评估风电场的一个基本问题。另外，风电场并入大电网会影响系统输电阻塞，如何刻画风电场对系统输电阻塞的影响程度？大电网系统输电阻塞程度的指标体系能够反映整个系统的输电阻塞水平，但其不能直接显示风电场对电力系统输电阻塞变化的"贡献"，因此还需要进一步提出风电出力对系统输电阻塞贡献的相应指标。

1.6　本书的主要研究内容及框架结构

本书以电力系统输电阻塞为研究对象，提出输电阻塞的概率指标体系，提出计及电力元件随机故障和负荷时序变化等因素的输电阻塞评估模型和算法、输电阻塞跟踪模型和算法、含风电的电力系统输电阻塞评估和算法，并对 IEEE－RTS 等系统进行输电阻塞评估、薄弱环节辨识等分析。本书主要研究内容如下：

（1）基于 Monte Carlo 法分析输电阻塞现象的概率特性，结合负荷时序变化特点，利用聚类分析法对负荷进行分层分级，建立计及负荷曲线的多时段的输电阻塞概率评估模型。该模型可克服大多数方法只能针对单一潮流断面输电阻塞分析的不足，实现从评价某一时刻的确定型评估模型到计及负荷时序变化的多时段、概率型的评估模型。

（2）从两个层面（输电元件、系统）、三个方面（概率、频率和容量）建立完备的指标体系，评估输电元件阻塞指标，包括线路阻塞概率、线路阻塞频率、线路最大阻塞容量和线路受阻电量；评估系统阻塞指标：系统阻塞概率、系统阻塞频率、系统最大阻塞容量和系统受阻电量。该指标体系可从输电元件和系统两个层面评估电力系统输电阻塞的严重程度，即并从输电元件层面拓展到电力系统层面。

（3）建立计及元件（发电机、线路、变压器等）随机故障等不确定因素的输电阻塞概率评估模型，给出基于非时序 Monte Carlo 模拟法的指标评估算法。基于 Monte Carlo 法抽取元件运行状态，形成系统状态，并计算系统故障状态潮流，通过机组调度和负荷削减等措施，以判断输电元件的阻塞状况。如果发生阻塞，则累计输电阻塞指标，重复抽样，直至抽样完成，最后计算出系统和每一输电元件的阻塞概率、阻塞频率、最大阻塞容量和受阻电量。

（4）借鉴电力系统可靠性跟踪技术，提出输电阻塞跟踪准则，即故障元件分摊准则、比例分摊准则；建立输电阻塞跟踪模型，给出其 Monte Carlo 求解算法。对某一抽样状态，若系统出现阻塞，则基于比例分摊方法将该状态出现的概率和频率、失去电量等阻塞指标分摊到各故障元件。基于所有系统抽样状态，即可得到各元件的阻塞跟踪指标，实现输电元件（系统）对输电阻塞指标的跟踪，从而辨识引起输电元件（系统）阻塞的薄弱环节，以便从源头上找到输电阻塞的"诱因"。

（5）为刻画风电场并入电力系统对输电阻塞的影响程度，提出风电出力对输电阻塞的贡献指标体系；建立计及风电场出力—负荷相关性的大电网输电阻塞评估模型；从系统输电阻塞角度，定义风电场的发电容量可信度，建立基于 Monte Carlo 法的风电场容量可信度模型，并提出该模型的二分法求解算法。分析风电场并网位置及容量对系统输电阻塞的影响。

本书研究内容的逻辑关系如图 1-2 所示。

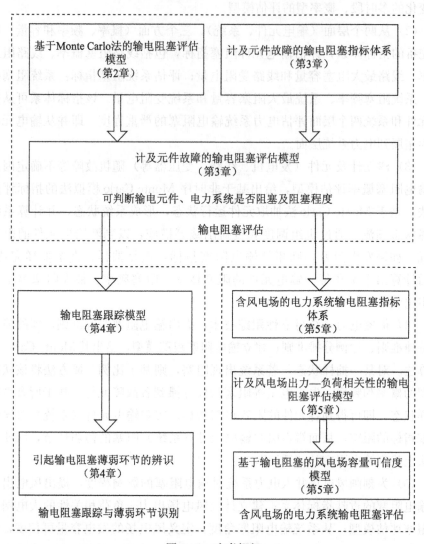

图 1-2　本书框架

2 电力系统输电阻塞评估的 Monte Carlo 模拟法

2.1 引言

众所周知，电力系统中存在许多不确定因素，如发电计划变化的随机性、设备故障的随机性、电价的不确定等。这些因素都会引起输电阻塞的不确定性。目前，关于电力系统输电阻塞问题的研究，大多未考虑这些不确定因素。

基于确定性输电阻塞模型的评估方法是在某种确定的系统状态下，即发电机组容量、负荷水平、输电网络拓扑结构等均已知的前提下，进行潮流计算，并根据潮流计算结果判断该系统状态下系统的阻塞情况。评价结果仅能回答是否出现阻塞，不能回答阻塞程度。如果要考虑这些不确定因素，宜采用概率模型对系统输电阻塞进行评估。由于模拟法可实现对计及不确定因素的概率模型问题的仿真，因此，本章采用 Monte Carlo 模拟法进行输电阻塞评估。

受气候、季节、经济形势等诸多因素的影响，在实际的电力系统中，其负荷随时间不断发生变化，具有连续性和周期性的特点。因此，要真实有效地对电力系统输电阻塞进行评估，必须考虑负荷的时序变化，实现从传统的单时刻评估到多时段评估。

本章首先介绍了 Monte Carlo 法的基本原理和随机变量抽样算法，然后基于负荷时序曲线和聚类分析法，实现时序负荷的分层分级建模，进而基于非时序 Monte Carlo 模拟法建立计及负荷曲线的多时段的输电阻塞概率评估模型。

2. 2　Monte Carlo 法

2. 2. 1　Monte Carlo 法的基本原理

Monte Carlo 法[41]是一种基于概率统计理论的方法，又称统计试验方法。与常用的数值方法相比，该方法在描述事物特点以及实验过程方面更贴近现实，从而能够解决一些数值方法不易解决的问题，为此，该方法已得到广泛的应用。

Monte Carlo 模拟的基本思路是运用随机数列产生一系列的实验样本。当样本数量足够大时，根据中心极限定理或大数定律，样本均值可作为随机变量数学期望的无偏估计。样本均值的方差是估计精度的一个标志。

以 Monte Carlo 模拟法在电力系统风险评估中的应用为例，令 U 表示系统不可用率或失效率，x_i 表示一个可由 Monte Carlo 模拟法抽得的 0、1 指示变量：

如果抽样得到的系统状态是失效状态，则 $x_i = 1$；

如果抽样得到的系统状态是运行状态，则 $x_i = 0$。

系统不可用率的估计可由其样本均值给出：

$$U = \frac{1}{N} \sum_{i=1}^{N} x_i \tag{2-1}$$

其中，N 是系统状态样本数。

其样本方差定义为

$$V(x) = \frac{1}{N-1} \sum_{i=1}^{N} (x_i - U)^2 \tag{2-2}$$

式（2-1）中给出的不可用率的估计是一个随机变量，它取决于样本数和抽样过程。可用样本均值的方差度量估计的不确定性，其定义为

$$V(U) = \frac{V(x)}{N} = \frac{1}{N(N-1)} \sum_{i=1}^{N} (x_i - U)^2 \tag{2-3}$$

需要注意的是：由式（2-2）给出的样本方差 $V(x)$ 和由式（2-3）给出的样本均值的方差 $V(U)$ 是两个不同的概念。

样本均值的标准差为

$$\sigma = \sqrt{V(U)} = \frac{\sqrt{V(x)}}{\sqrt{N}} \tag{2-4}$$

式（2-4）表明，有两种措施可用来减少 Monte Carlo 模拟中估计量的标准差：增加样本数或者减少样本方差。已有许多方差减小技术用来提高 Monte Carlo 模拟的有效性。在任何情况下，方差都不可能为零，因此，总需要考虑一个合理的、足够大的样本数，以停止模拟过程。

Monte Carlo 模拟法作为一种计算方法，其收敛性与误差是普遍关心的一个重要问题。

由前面介绍可知，系统不可用率 U 是随机变量 x 的简单子样 x_1，x_2，…，x_i 的算术平均值。由大数定律可知，如 x_1，x_2，…，x_i 独立同分布，且具有有限期望值（$E(x) < \infty$），则

$$P\left[\lim_{N \to \infty} U(N) = E(x)\right] = 1 \qquad (2-5)$$

即随机变量 x 的简单抽样的算术平均值 $U(N)$，当抽样数 N 充分大时，以概率 1 收敛于它的期望值 $E(x)$。

随着样本数的增加，误差的上下界或置信范围将减小。可用方差系数 η 来度量 Monte Carlo 模拟达到的精度水平，其定义为估计量的标准差除以估计量，即

$$\eta = \frac{\sqrt{V(U)}}{U} \qquad (2-6)$$

2.2.2 随机数的产生算法

Monte Carlo 模拟的一个关键步骤是产生随机数[41]。理论上，用数学方法产生的随机数是伪随机数，而不是一个真正的随机数。用乘同余发生器和混合同余发生器可产生在 [0，1] 区间满足均匀分布的随机数序列。满足其他分布的随机变量产生方法可用逆变换法实现。

逆变换法基于下述命题：

如果随机变量 R 在区间 [0，1] 上服从均匀分布，则随机变量 $X = F^{-1}(R)$ 有连续的累积概率分布函数 $F(x)$。

该命题可推广到离散分布情形，在这种情况下，反函数定义为

$$X = F^{-1}(R) = \min\{x: F(x) \geqslant R\}(0 \leqslant R \leqslant 1) \qquad (2-7)$$

风险评估中重要随机变量主要有：指数分布、正态分布、对数正态分布、韦布尔分布等随机变量。下面简要介绍这几种随机变量的抽样方法。

1. 指数分布随机变量[41]

指数分布的累积概率分布函数为

$$F(x) = 1 - e^{-\lambda x} \qquad (2-8)$$

产生一均匀分布随机数 R 使

$$R = F(x) = 1 - e^{-\lambda x} \qquad (2-9)$$

运用逆换法得到

$$X = F^{-1}(R) = -\frac{1}{\lambda}\ln(1-R) \qquad (2-10)$$

因 $1-R$ 和 R 以完全相同的方式均匀分布于区间 $[0,1]$，所以可将式 $(2-10)$ 等效地表示为

$$X = -\frac{1}{\lambda}\ln(R) \qquad (2-11)$$

其中，R 是一均匀分布随机数序列，而 X 则服从指数分布。

产生指数分布随机变量算法：

第 1 步：产生一个在 $[0,1]$ 区间均匀分布的随机数序列 R。

第 2 步：由式 $(2-11)$ 计算指数分布随机变量 X。

2. 正态分布随机变量[41]

正态累积概率分布函数的反函数不存在解析表达式。可由式 $(2-12)$ 计算出图 $2-1$ 所示正态概率密度分布函数曲线下的面积 $Q(z)$：

$$z = s - \frac{\sum_{i=0}^{2} c_i s^i}{1 + \sum_{i=1}^{3} d_i s^i} \qquad (2-12)$$

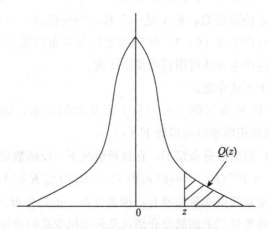

图 2-1 标准正态概率密度函数

其中：

$$s = \sqrt{-2\ln Q}$$
$$c_0 = 2.515517$$
$$c_1 = 0.802853$$
$$c_2 = 0.010328$$
$$d_1 = 1.432788$$
$$d_2 = 0.189269$$
$$d_3 = 0.001308$$

(2-13)

式（2-12）的最大误差小于 4.5×10^{-5}。

产生正态分布随机变量的算法如下：

第1步：产生一个在 $[0, 1]$ 区间均匀分布的随机数序列 R。

第2步：由下式计算正态分布随机变量 X。

$$X = \begin{cases} z, & \text{如果 } 0.5 < R \leqslant 1.0 \\ 0, & \text{如果 } R = 0.5 \\ -z, & \text{如果 } 0 \leqslant R < 0.5 \end{cases}$$

(2-14)

其中，z 由式（2-12）求得，由下式给出式（2-13）中的 Q

$$Q = \begin{cases} 1-R, & \text{如果 } 0.5 < R \leqslant 1.0 \\ R, & \text{如果 } 0 \leqslant R \leqslant 0.5 \end{cases}$$

(2-15)

3. 对数正态分布随机变量

根据概率论的基本概念，如果随机变量 Y 是随机变量 X 的函数，即 $y = y(x)$，则 Y 和 X 的概率密度函数有如下关系：

$$f(y) = f(x)\left|\frac{\mathrm{d}x}{\mathrm{d}y}\right|$$

(2-16)

由式（2-16）可以证明：如果 X 服从正态分布，则 $Y = e^X$ 服从对数正态分布。

对数正态分布随机变量产生的算法如下：

第1步：产生服从标准正态分布的随机变量 z。

第2步：令 $X = \mu + \sigma Z$，其中 μ 和 σ 是对数正态分布密度函数的参数。

第3步：令 $Y = e^X$，Y 即是对数正态分布随机变量。

4. 韦布尔分布随机变量

韦布尔累积概率密度函数为

$$R = F(x) = 1 - \exp\left[-\left(\frac{x}{\alpha}\right)^{\beta}\right] \quad (\infty > x \geqslant 0, \beta > 0, \alpha > 0)$$

$$(2-17)$$

由逆变法可知：

$$X = \alpha \left[-\ln(1-R)\right]^{\frac{1}{\beta}} \tag{2-18}$$

因为 $1-R$ 和 R 以完全相同的方式均匀分布于区间 $[0,1]$，所以式（2-18）可写成

$$X = \alpha \left(-\ln R\right)^{\frac{1}{\beta}} \tag{2-19}$$

产生韦布尔分布随机变量的算法如下：

第 1 步：产生一个在 $[0,1]$ 区间均匀分布的随机数序列 R。

第 2 步：用式（2-19）计算韦布尔分布随机变量 X。

2.2.3　系统状态产生的 Monte Carlo 法

Monte Carlo 法可分为非时序 Monte Carlo 法和时序 Monte Carlo 法。

1. 非时序 Monte Carlo 法

非时序 Monte Carlo 法又称为状态抽样法[35,100]，在电力系统可靠性评估中常用到此方法。其原理是，所有元件状态的组合就是一个系统状态，且每一元件状态可由对元件出现在该状态的概率进行抽样来确定。

每一元件可用一个在 $[0,1]$ 区间的均匀分布来模拟。假设每一元件有两种状态，即失效和工作状态，且元件间的失效相互独立。令 s_i 表示元件 i 的状态，Q_i 表示其失效概率，则对元件 i 产生一个在 $[0,1]$ 区间均匀分布的随机数 R_i，使得

$$s_i = \begin{cases} 0, & \text{如果 } R_i > Q_i \qquad \text{（工作）} \\ 1, & \text{如果 } 0 \leqslant R_i \leqslant Q_i \quad \text{（失效）} \end{cases} \tag{2-20}$$

由矢量 s 表示具有 N 个元件的系统状态

$$s = (s_1, \cdots, s_i, \cdots, s_N) \tag{2-21}$$

一个系统状态通过抽样被选定后，进行系统分析以判断其是否为失效状态，如果是，则估计该状态的可靠性指标函数。

当抽样数足够大时，系统状态 s 的抽样频率可作为其概率的无偏估计，即

$$P(s) = \frac{m(s)}{M} \tag{2-22}$$

其中，M 是抽样数；$m(s)$ 是在抽样中系统状态 s 出现的次数。

当一个系统状态的概率通过抽样估计以后，就可分别用式（1-4）、式（1-5）计算系统失效频率、系统失效平均持续时间以及系统其他可靠性指标。

2. 时序 Monte Carlo 法

时序 Monte Carlo 法是在一个时间跨度上按照时序对系统状态和行为进行模拟的方法[101-105]。其中，对建立虚拟系统状态转移循环过程有不同的方法。状态持续时间抽样法是最通用的方法。还有一种方法称为系统状态转移抽样法[106]。

状态持续抽样法是基于对元件持续时间的概率分布进行抽样，其步骤如下：

第 1 步：指定所有元件的初始状态，通常假设所有元件初始为运行状态。

第 2 步：对每一元件停留在当前的持续时间进行抽样。根据状态持续时间的概率分布，确定不同的状态（如运行或修复过程）的持续时间。

第 3 步：在所研究的时间跨度（大量的抽样年）内重复第 2 步，并记录所有元件的每一状态持续时间的抽样值，即可得到给定时间跨度内每一元件的时序状态转移过程，如图 2-2 所示。

第 4 步：将所有元件的状态过程进行组合，以建立系统时序状态转移循环过程，如图 2-3 所示。

第 5 步：分析每一个系统状态，计算负荷点和系统可靠性指标。由于系统状态转移循环过程能够清楚地确定并记录系统失效状态的发生、持续时间和后果，因此，很容易计算出系统可靠性指标。三个常见的可靠性指标的通用公式见式（2-23）～式（2-25）。

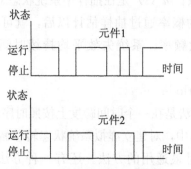

图 2 - 2   元件时序状态转移过程

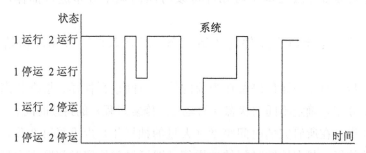

图 2 - 3   系统时序状态转移过程

$$P_f = \frac{\sum_{k=1}^{M_{dn}} D_{dk}}{\sum_{k=1}^{M_{dn}} D_{dk} + \sum_{j=1}^{M_{up}} D_{uj}} \tag{2-23}$$

$$F_f = \frac{M_{dn}}{\sum_{k=1}^{M_{dn}} D_{dk} + \sum_{j=1}^{M_{up}} D_{uj}} \tag{2-24}$$

$$D_f = \frac{\sum_{k=1}^{M_{dn}} D_{dk}}{M_{dn}} \tag{2-25}$$

其中，P_f，F_f 和 D_f 分别为系统失效概率、频率和平均持续时间；D_{dk} 是第 k 个停运时间状态的持续时间；D_{uj} 是第 j 个运行状态的持续时间；M_{dn} 和 M_{up} 分别为在模拟时间跨度内系统失效和运行状态出现的次数。这两个被抽取的状态数通常相同，除非失效或运行状态在抽样跨度末被截尾。

该方法本质上是建立一个虚拟的系统运行和失效的转移循环过程。

2.3　负荷多状态聚类分析模型

时序 Monte Carlo 模拟法直接将负荷曲线作为负荷模型,状态抽样法则可利用非时序负荷持续曲线作为其负荷模型。下面介绍三种常见的负荷模型。

(1) 使用单一负荷曲线:在所有母线上,负荷都具有相同的变化特性和趋势,即按给定负荷曲线的形状呈比例变化。负荷持续曲线可用一个多级水平模型来模拟。

(2) 在全部研究时间内某些母线上的负荷可能不变,比如某些工业用户,其电力需求不随时间变化,很容易模拟这些母线上的恒定负荷;而其他母线利用共同的负荷曲线。

(3) 先对负荷曲线分类,每一类对应一个母线组,再将各个母线归类到母线组。有几类负荷曲线就对应几条负荷持续曲线,每条曲线代表一个母线组。需要注意的是:建立多级水平负荷模型时,必须考虑时序负荷曲线的相关性。

原负荷曲线可用图 2-4 所示的多级模型来表示。模型精确性与负荷水平级别呈正比,即划分的水平级别越多越精确。负荷水平分级确定后,利用聚类分析法,可将各负荷点分配到最接近的一个级别,从而得到负荷的离散概率分布。表 2-1 列出了用分级负荷水平表示的该分布及对应的概率和累计概率。其中,L_k 是第 k 级负荷水平,n 是负荷水平分级数,T 是负荷曲线的时间总长度,T_k 是第 k 级负荷水平的时间长度。

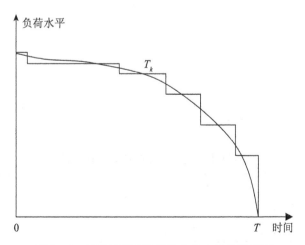

图 2-4　负荷持续曲线及其多级水平分级模型

例如，基于 IEEE-RTS 全年 52 周 8736 小时负荷曲线，按 1% 刻度统计各负荷水平的概率，建立相应的多级的负荷模型。其模型建立过程如下：

步骤 1：输入全年 8736 小时的负荷（标么值）。

步骤 2：对全年各小时负荷值按升序排序。可知，负荷最小为 31%，最大为 100%，按 1% 刻度统计各负荷水平的概率，因此，负荷水平的等级 $n=70$。

步骤 3：按四舍五入原则统计在 1% 的刻度范围内的各负荷水平 L_k 的时点数 T_k。例如，负荷在 [30.5%，31.5%) 区间，有 3 个时点，即 $T_1=3$，取 $L_1=31\%$；在 [31.5%，32.5%) 区间，有 12 个时点，即 $T_2=12$，取 $L_2=32\%$；…，在 [98.5%，99.5%) 区间，有 1 个时点，即 $T_{69}=1$，取 $L_{69}=99\%$；在 [99.5%，100%] 区间，有 2 个时点，即 $T_{70}=2$，取 $L_{70}=100\%$。负荷总时数 $T=8736$。

步骤 4：利用表 2-1 中的概率、累计概率公式，计算 70 个负荷水平等级的概率及累计概率。

表 2-2 给出了 IEEE-RTS 系统的 70 级负荷模型的部分数据（其余完整数据见附表 1）。

表 2-1   负荷水平分级、概率及累计概率

负荷水平	概率（P_n）	累计概率（CP_n）
L_1	$P_1=T_1/T$	$CP_1=P_1$
L_2	$P_2=T_2/T$	$CP_2=P_1+P_2$
⋮	⋮	⋮
L_k	$P_k=T_k/T$	$CP_k=P_1+P_2+\cdots+P_k$
⋮	⋮	⋮
L_n	$P_n=T_n/T$	$CP_n=P_1+P_2+\cdots+P_k+\cdots+P_n=1$

表 2-2   8736 小时负荷曲线的 70 级负荷模型

序号（k）	负荷区间	时点数	负荷水平（L_k）	概率（P_k）	累计概率（CP_k）
1	[30.5%，31.5%)	3	31%	0.00034	0.00034
2	[31.5%，32.5%)	12	32%	0.00137	0.00172

序号（k）	负荷区间	时点数	负荷水平（L_k）	概率（P_k）	累计概率（CP_k）
3	[32.5%，33.5%)	24	33%	0.00275	0.00275
4	[33.5%，34.5%)	30	34%	0.00343	0.00790
5	[34.5%，35.5%)	52	35%	0.00595	0.01385
⋮	⋮	⋮	⋮	⋮	⋮
68	[97.5%，98.5%)	2	98%	0.00023	0.99966
69	[98.5%，99.5%)	1	99%	0.00011	0.99977
70	[99.5%，100%]	2	100%	0.00023	1.00000
总计		8736	—	1	—

2.4　负荷削减策略

由电力系统运行可知，当系统机组总容量小于负荷功率时，需要基于一定的负荷削减原则对部分用户暂停供电，即对系统的负荷进行削减，以使电力系统恢复到正常状态。不同的电力系统可能会采取不同的负荷削减策略，而不同的削减策略会出现不同的输电阻塞结果。目前，常用的负荷削减策略有：就近负荷削减策略（Pass－I）、平均削减负荷策略（Average Load－Curtailment Policy，简记为 Average Policy）、按重要程度负荷削减策略、最优负荷削减策略[107,108]。

1. 就近负荷削减策略

当大电网中某一元件发生故障时，一般情况下，故障点就近的一个范围内会受到事故的影响，因此负荷削减按由近至远顺序削减，故障点附近用户最先开始削减，然后依次削减，这就是就近负荷削减策略。采用这种策略，负荷削减范围必须首先确定，在限定的范围内，从故障点附近由近至远，逐渐按比例削减。在实际电网中这种削减策略应用较广。

2. 平均削减负荷策略

对削减域内的负荷按一定的比例平均削减，这就是平均削减负荷策略。这种负荷削减的方式具有计算简单、编程容易的优点；但它的缺点也明显，没有考虑负荷的重要程度，等同看待负荷削减区域内的用户，与实际情况有出入。

3. 按重要程度负荷削减策略

按照用户的重要程度在负荷削减域内削减负荷，越重要的用户其优先级别越高，在负荷削减中具有优势，不重要的用户其优先级别低越容易被削减，这种负荷削减策略就是按重要程度削减策略。与平均削减负荷策略相比，这种负荷削减方式实现起来更复杂，但是它更符合实际电网运行情况。

4. 最优负荷削减策略

当发输电系统发生故障，导致线路过负荷或解列成几个子系统时，需要削减负荷，重新调度发电机组，达到消除系统的约束违限的目的。其中，负荷削减模型采用基于最优潮流（OPF）的负荷削减模型；站在用户角度，使负荷削减量尽可能少，最好能避免削减负荷。在最优负荷削减模型中，负荷削减总量最小是目标函数，各母线上的负荷削减量为决策变量。最优负荷削减策略可分为基于直流潮流负荷削减的线性规划模型和基于交流潮流负荷削减的非线性规划模型。

最优负荷削减线性规划模型具有编程容易、计算速度快的优点，因其忽略无功潮流和节点电压的约束，模型误差较大。最优负荷削减的非线性规划模型的控制变量有：发电机的有功和无功出力调整、母线的负荷削减量、变压器挡位调整、FACTS 元件的参数调整等。该模型紧密结合实际，建模时考虑了各种运行约束及 FACTS 元件的影响，其计算结果更精确更可靠。但是，该削减策略计算耗时，且编程难度大。

2.5　输电阻塞评估的非时序 Monte Carlo 法

2.5.1　算法步骤

由于区域电价等因素的影响，可能造成系统中有些区域发电机组出力大，有些区域出力小，致使电力系统中机组出力分布不平衡，加之负荷时序变化，系统可能出现输电阻塞。

输电阻塞非时序 Monte Carlo 仿真中，每抽取一个系统状态后，先计算机组总容量和负荷总量。如果负荷总量大于机组总容量，需进行机组重新调度、最优负荷削减计算，计算系统潮流。根据潮流结果，计算每一条线路的实际容量与额定容量的差值，如果差值大于 0，判断该线路阻塞，其差值即为线路的阻塞容量。系统中任意一条线路发生阻塞，则判定系统发生阻塞，该状态下所有发生阻塞线路的阻塞容量之和即为系统阻塞容量。

当抽样数量足够大时，系统状态 x 的抽样频率可作为其概率的无偏估计，以第 i 条线路阻塞概率 $TLCP_i$（Transmission Line Congestion Probability）为例，有：

$$TLCP_i = \frac{m_i(x)}{M} \qquad (2-26)$$

其中，M 为抽样数；$m_i(x)$ 为在抽样中线路 i 发生阻塞的次数，即在抽样中系统状态 x 出现的次数。

基于非时序 Monte Carlo 模拟的电力系统输电阻塞评估算法：

步骤 1：输入发输电组合系统电气参数、可靠性参数等；

步骤 2：用 Monte Carlo 法对负荷水平进行随机抽样；

步骤 3：计算机组总容量和负荷总量，如果机组总容量小于负荷总量，削减负荷，否则继续；

步骤 4：对发电机组重新调度，计算系统潮流；

步骤 5：根据潮流结果，判断线路容量是否越限。若越限，则系统出现阻塞，利用式（2-26），更新计算线路输电阻塞概率 $TLCP_i$ 指标；若未越限则继续；

步骤 6：判断 Monte Carlo 抽样是否完成；若未完成，转步骤 2，否则继续；

步骤 7：输出线路输电阻塞概率 $TLCP_i$ 指标。

系统状态由 Monte Carlo 状态抽样确定，当系统各母线使用同一负荷曲线，可利用 2.3 节的多级负荷分级模型模拟负荷持续曲线。

随机抽取一个取值区间为 $[0, 1]$ 的均匀分布随机数 R，根据表 2-2 给出的累计概率，即可得到负荷水平值 L。

$$L = \begin{cases} L_1 & R < CP_1 \\ L_k & CP_{k-1} \leqslant R \leqslant CP_k \quad (1 < k < 69) \\ L_{70} & CP_{69} \leqslant R \leqslant CP_{70} \end{cases} \qquad (2-27)$$

2.5.2 算法流程图

基于非时序 Monte Carlo 法的输电阻塞评估模型的求解算法流程如图 2-5 所示。

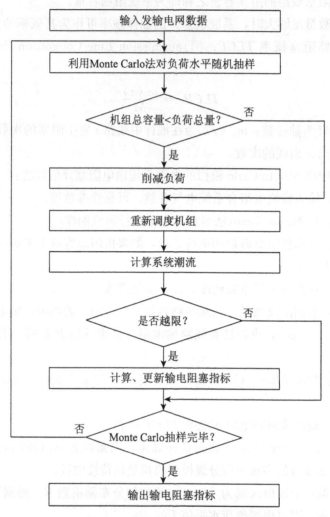

图 2-5　输电阻塞评估算法流程

2.6　算例分析

基于上述电力系统输电阻塞评估模型及其非时序 Monte Carlo 模拟求解算法，利用 MatLab7.3 编制了其计算程序。下面以 IEEE-RTS[109] 系统为例进行分析。

采用非时序 Monte Carlo 模拟分析时，仿真次数取 100 万次，采用交流潮流法进行分析；负荷曲线采用2.3节的70级负荷模型，负荷削减策略采用平均负荷削减策略。假设系统元件100%可靠。

IEEE-RTS 有 230kV 和 138kV 两个电压等级、24 条母线、33 条交流输电线路、5 台变压器及 32 台发电机组，总装机容量 3405MW、系统峰荷 2850MW，如图 2-6 所示。系统电气参数见文献［109］。

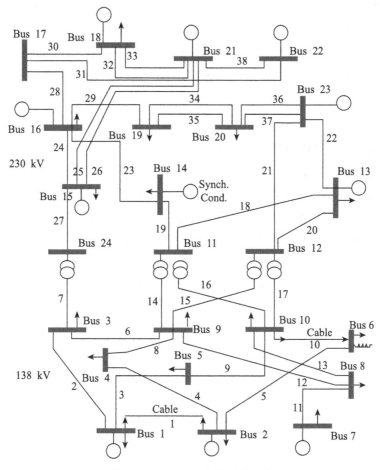

图 2-6 IEEE 可靠性测试系统

显然，在没有元件因故障、检修等退出运行时，即系统处于正常运行状态，原 IEEE-RTS 系统不会产生输电阻塞。为更好地分析输电阻塞现象，需对原系统进行修改：①所有元件均不考虑故障、检修等退出运行的模式；②假设原系统中 G12、G13、G14、G22、G23 和 G32 机组有多级出力状态，

表 2-3 为相关机组的位置及装机容量。当这些机组降额运行时，系统在峰值负荷下可能出现输电阻塞。

表 2-3　　　　　　　多状态机组的位置及装机容量

机组号	母线	装机容量（MW）
G12　G13　G14	Bus13	197
G22	Bus18	400
G23	Bus21	400
G32	Bus23	350

为此，设计如下两个方案：

方案 A：上述机组运行最大出力（标么值）分为 0.2、0.4、0.6、0.8、1.0 五个等级，各级出力概率如表 2-4 所示。

方案 B：为缓解系统缺电状况，在方案 A 的基础上，机组最大出力标么值为 0.6 的概率从 0.15 提高到 0.35，标么值为 0.2 的概率从 0.35 降低为 0.15，其他出力水平的概率不变。各级出力标么值概率如表 2-4 所示。

表 2-4　　　　　　　多状态机组出力概率表（标么值）

机组最大出力（标么值）	概率	
	方案 A	方案 B
0.2	0.35	0.15
0.4	0.10	0.10
0.6	0.15	0.35
0.8	0.30	0.30
1.0	0.10	0.10

为更好地分析输电阻塞现象，假设这些机组最大出力在同一时段按同一水平等级降额运行。采用 2.5 节中输电阻塞评估模型及算法，可以得到如下结果：

方案 A：仅线路 Bus7－Bus8 发生输电阻塞，其输电阻塞概率为 1.98×10^{-4}。

方案 B：仅线路 Bus7－Bus8 发生输电阻塞，其输电阻塞概率为 8.4×10^{-5}。

通过比较方案 A 和 B，可以看出：方案 B 对应的输电线路阻塞概率降低了 57.6%。这是因为当多状态机组的出力较小、负荷水平较高时，系统将削减负荷。采用平均负荷削减策略，位于 Bus7 和 Bus8 上的负荷与其他负荷一样，都按同一比例削减负荷。由于 Bus7 上的机组容量不变而 Bus7 和 Bus8 上的负荷被削减，导致输电线路 Bus7－Bus8 的潮流增加而发生阻塞。增大多状态机组中较大出力的概率，就会减少削减负荷的概率，相应的输电线路 Bus7－Bus8 的阻塞概率也降低了。

2.7 本章小结

传统的输电阻塞评估模型为确定性模型，只能针对单一时刻的系统进行阻塞分析，仅能判断系统是否出现阻塞，不能评价系统阻塞程度，也不能反映负荷时序变化。本章针对传统输电阻塞评估模型存在的问题，应用 Monte Carlo 法研究了输电阻塞现象的概率特性，基于负荷时序曲线，利用聚类分析法对负荷进行分层分级，进而建立计及负荷时序变化和多时段特性的输电阻塞概率型评估模型，并提出该模型的 Monte Carlo 模拟求解算法。

以 IEEE－RTS 系统为例，利用本章提出的输电阻塞评估模型计算输电元件的阻塞概率指标，验证了评估模型的可行性和正确性，为下一章研究计及元件故障的电力系统输电阻塞指标体系和评估模型奠定基础。

3 计及元件故障的输电阻塞指标体系和评估方法

3.1 引言

我们知道,在发输电系统可靠性评估中,失负荷概率、电量不足期望等指标可以定量评价不同故障组合下的输电元件容量限制造成的负荷损失,这些指标是从用户角度描述用电需求满足程度提出,属于充裕度评估指标,虽然考虑了阻塞,但没有单独评价其限制程度,因此,需进一步研究评估输电元件阻塞程度的方法。

第2章介绍了单一的输电阻塞评估指标——输电元件的输电阻塞概率。该指标仅从输电元件层面,从概率的角度刻画输电元件的输电阻塞程度,无法实现对阻塞频率、输电元件裕度的评估,也无法从电力系统层面评估其输电阻塞程度。因此,需要建立完备的输电阻塞评估指标体系,以从不同层面、不同角度刻画输电元件和系统的阻塞现象。另外,电力系统还存在许多不确定因素,如电力元件随机故障等,而该指标也未计及这些不确定因素。

在电力系统可靠性评估中,有三种类型的基本指标:概率、频率和电量。这些指标,特别是大电网可靠性指标的定义,为输电阻塞评估指标体系的建立提供了有价值的参考。

针对以上问题,本章应用传统阻塞模型和电力系统可靠性评估原理,在已有成果基础上,分别从输电元件层面和系统层面提出计及元件随机故障的输电阻塞指标体系,实现从单一指标到指标体系(包括概率、频率、电量等)、从输电元件层面拓展到系统层面。

本章建立了计及元件故障的输电阻塞指标体系、评估模型和算法,并以IEEE-RTS为例,分析了元件电气参数、可靠性参数、负荷水平、负荷削减策略等对输电阻塞的影响。

3.2　发输电元件的可靠性模型

发输电系统包括发电机组、变压器和线路等元件。发电机组常采用两状态（运行和停运）或者计入降额状态的多状态模型进行模拟；架空线路、电缆、变压器等输电元件常用两状态模型来模拟。

3.2.1　元件的两状态可靠性模型

电力元件的独立停运模式可划分为强迫停运和计划停运两大类。强迫停运是指非人力所能控制的，随机发生的停运事件；计划停运则是指人为安排的，非失效引起的停运事件，如元件的维修或更换。电力系统中发生的大部分强迫停运是可修复的[41]。

在发输电组合系统中，常规发电机组、线路和变压器等电力元件可能会出现随机故障，且这些故障可修复，因此这三种元件均可采用两状态（运行和停运）的可修复强迫停运模型进行模拟。

通过稳态"运行—停运—运行"的循环过程，可实现对可修复强迫停运的模拟。图 3-1 和图 3-2 分别为循环过程图和状态转移图。长期循环过程中的平均不可用率，其数学表达式为：

$$U = \frac{\lambda}{\lambda + \mu} = \frac{MTTR}{MTTF + MTTR} \qquad (3-1)$$

其中，λ 为失效率（次/年）；μ 为修复率（次/年）；$MTTR$ 为平均修复时间（小时/次）；$MTTF$ 为失效前平均时间（小时/次）。

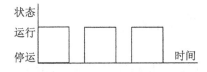

图 3-1　可修复元件运行和停运循环过程

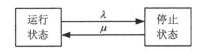

图 3-2　可修复元件状态空间图

发输电组合系统中每个元件的概率特性可用 [0，1] 区间的均匀分布来描述。采用两状态模型，即每个元件只有故障和运行两种状态，令 Q_k 表示元件 k 的不可用率，抽取一个区间 [0，1] 的均匀分布随机数 R_k，则有元件的抽样状态 s_k：

$$s_k = \begin{cases} 1(运行状态) & 如果 R_k > Q_k \\ 0(故障状态) & 如果 0 \leqslant R_k \leqslant Q_k \end{cases} \tag{3-2}$$

3.2.2 元件的多状态可靠性模型

电力元件的多状态可靠性模型很多，包括计及降额运行、计划停运、连锁停运等模型。为方便起见，下面以计及降额停运的三状态模型为例进行说明。该模型能计入元件的降额状态，每个元件有运行、停运或降额多个状态。可利用均匀分布随机变量进行模拟。

令 R_k 是第 k 个元件在 [0，1] 区间的均匀分布随机数；PF_k 和 PP_k 分别是第 k 个元件处于停运和降额状态的概率，则有元件的抽样状态 s_k：

$$s_k = \begin{cases} 0(运行状态) & 如果 R_k > PP_k + PF_k \\ 1(停运状态) & 如果 PF_k < R_k \leqslant PP_k + PF_k \\ 2(降额状态) & 如果 0 \leqslant R_k \leqslant PP_k \end{cases} \tag{3-3}$$

与常规发电机组不同，风电机组出力随风速变化，其输出功率具有随机性，可将其视为可降额运行的设备。因此，风电机组也常用多状态模型进行刻画。

3.3 电力系统输电阻塞指标

有效的电力系统输电阻塞指标体系，应该既能从整体上评估系统阻塞状况，又能识别出阻塞严重的输电元件。因此，本章分别从输电元件和系统两个层面提出能刻画输电阻塞程度的指标体系。

3.3.1 元件层面的输电阻塞指标

输电元件包括线路、变压器。为方便记，下面以线路为例给出其输电阻塞指标。

1. 线路阻塞概率 $TLCP$ (Transmission Line Congestion Probability)

在给定时段内，线路 i 发生阻塞的概率：

$$TLCP_i = \sum_{j \in S} P_j \qquad (3-4)$$

其中，S 为第 i 回线路出现阻塞的系统状态集合；P_j 为第 j 个系统状态发生的概率。

2. 线路阻塞频率 $TLCF$ (Transmission Line Congestion Frequency)

在给定时段内，线路 i 发生阻塞的次数

$$TLCF_i = \sum_{j \in S} F_j = \sum_{j \in S} P_j \sum_{k=1}^{N} \lambda_k \qquad (3-5)$$

其中，F_j 为第 j 个系统状态的发生频率；N 为系统元件数；λ_k 为元件 k 在状态 S 中的转移率。如果元件 k 处于工作状态，则 λ_k 是失效率；如果元件 k 处于停运状态，则 λ_k 是修复率。

3. 线路阻塞容量

线路阻塞容量 $TLCC$ (Transmission Line Congestion Capacity) 可分为线路最大阻塞容量 $TLCC_{i-\max}$ 和平均阻塞容量 $TLCC_{i-\mathrm{aver}}$。

在给定时段内，线路 i 阻塞容量的最大值、平均值分别为

$$TLCC_{i-\max} = \max_j (TLCC_{ij}) \qquad (3-6)$$

$$TLCC_{i-\mathrm{aver}} = \frac{\sum_{j=1}^{m} TLCC_{ij}}{m} \qquad (3-7)$$

其中，$TLCC_i = C_i - C_{\mathrm{rated}}$，$TLCC_i$、$C_i$ 和 C_{rated} 分别为第 i 回线路的阻塞容量、实际功率和额定容量，m 为第 i 回线路出现阻塞的系统状态数。其中，$TLCC_{ij}$ 为第 i 回线路在第 j 个系统状态下的阻塞容量。

$TLCC_{i-\max}$ 指标可用于刻画给定线路发生阻塞时的最严重程度。

4. 线路受阻电量 $TLCE$ (Transmission Line Congestion Energy)

在给定时段内，线路 i 受阻电量：

$$TLCE_i = TLCC_{i-\mathrm{aver}} \times TLCP_i \times 8760 \qquad (3-8)$$

3.3.2 系统层面的输电阻塞指标

同输电元件类似，可定义系统输电阻塞的程度。

系统阻塞的概率 SCP (System Congestion Probability)：

在给定时段内，系统出现输电阻塞的概率，即

$$SCP = \sum_{j \in D} P_j \qquad (3-9)$$

其中，D 为系统出现输电阻塞状态全集。

同样的，系统阻塞的频率 SCF（System Congestion Frequency）为

$$SCF = \sum_{j \in D} F_j = \sum_{j \in D} P_j \sum_{k=1}^{N} \lambda_k \qquad (3-10)$$

系统最大阻塞容量 SCC_{max}（System Congestion Capacity）为

$$SCC_{max} = \max_j (\sum_{i=1}^{l} TLCC_{ij}) \qquad (3-11)$$

系统平均阻塞容量 SCC_{aver}（System Congestion Capacity）为

$$SCC_{aver} = \frac{\sum_{j=1}^{w} (\sum_{i}^{l} TLCC_{ij})}{w} \qquad (3-12)$$

其中，l 为状态 j 下出现阻塞的线路数，w 为系统出现阻塞的系统状态数。

系统受阻电量 SCE（System Congestion Energy）为

$$SCE = SCC_{aver} \times SCP \times 8760 \qquad (3-13)$$

3.4 计及元件故障的输电阻塞模型

本章基于非时序 Monte Carlo 模拟方法建立计及元件故障的输电阻塞模型。

假设电力系统由 N 个元件组成，s_k 代表元件 k 的状态，则 $x = (s_1, \cdots, s_k, \cdots, s_N)$。系统状态 x 取决于系统元件的状态组合，因此，只要确定了每一个元件的状态，系统状态也就相应确定。

输电阻塞 Monte Carlo 非时序仿真模拟中，用式（3-2）对系统中的每一个元件抽样。根据元件的可靠性模型，抽取每个元件（特别是发电机组、输电元件）的状态，进而得到系统状态，通过故障状态的潮流分析、机组调度分析等，即可判断输电元件的输电阻塞情况，以及输电元件的阻塞容量。系统中任意一个输电元件发生阻塞，则判定系统发生阻塞，该状态下所有发生阻塞输电元件的阻塞容量之和即为系统阻塞容量。

当抽样数量足够大时，系统状态 x 的抽样频率可作为其概率的无偏估计，

以第 i 条线路阻塞概率为例,有:

$$TLCP_i = \frac{m_i(x)}{M} \qquad (3-14)$$

其中,M 为抽样数;$m_i(x)$ 为在抽样中线路 i 发生阻塞的次数,即在抽样中系统状态 x 出现的次数。

式(3-14)与式(2-26)表达式形式一样,不同之处在于式(3-14)计及了电力元件的随机故障。

当对每一个系统状态进行抽样估计后,就可用式(3-5)～式(3-13)计算输电元件指标 $TLCF_i$、$TLCC_{i-\max}$、$TLCC_{i-\text{aver}}$、$TLCE_i$,以及系统阻塞指标 SCP、SCF、$SCC_{\max}$、SCC_{aver}、SCE。

3.5　计及元件故障的输电阻塞模型求解算法

根据前述定义的输电元件和系统阻塞指标,以及输电阻塞计算方法,即可形成计及元件故障的输电阻塞评估的 Monte Carlo 模拟方法,其步骤如下:

步骤 1:输入发输电网可靠性参数、电气参数等;

步骤 2:用 Monte Carlo 法对机组、支路(线路、变压器)的运行状态进行随机抽样;

步骤 3:计算机组总容量和负荷总量,如果机组总容量小于负荷总量,削减负荷,否则继续;

步骤 4:对发电机组重新调度;

步骤 5:计算系统潮流;

步骤 6:根据潮流结果,判断输电元件容量是否越限。若越限,则系统出现阻塞,利用式(3-4)～式(3-8),更新计算输电元件阻塞指标 $TLCP_i$、$TLCF_i$、$TLCC_{i-\max}$、$TLCC_{i-\text{aver}}$、$TLCE_i$,利用式(3-9)～式(3-13),更新计算系统阻塞指标 SCP、SCF、$SCC_{\max}$、SCC_{aver}、SCE;若未越限则继续;

步骤 7:判断 Monte Carlo 抽样是否完成?若未完成,转步骤 2,否则继续;

步骤 8:输出输电元件阻塞指标和系统阻塞指标。

阻塞指标算法流程如图 3-3 所示。

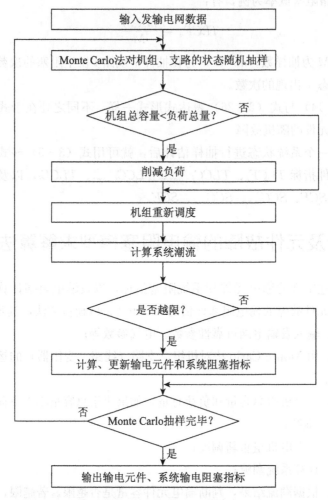

图 3 - 3　计及元件故障的输电阻塞评估算法流程

3.6　算例分析

本章利用上述算法对 IEEE—RTS 进行了算例分析。基于恒定负荷模型和分级负荷模型，利用非时序 Monte Carlo 模拟法进行输电阻塞评估，仿真次数为 100 万次。所有元件，包括发电机组、输电线路和变压器等均采用两状态模型，即运行状态和故障状态。采用交流潮流法，分别采用就近负荷削减策略和平均负荷削减策略对 IEEE—RTS 系统进行输电阻塞分析。

3.6.1 基于恒定负荷的输电阻塞分析

1. IEEE—RTS 基本算例分析

(1) 就近负荷削减策略

将 IEEE—RTS 的峰值负荷作为恒定负荷。表 3-1 和表 3-2 分别为基于就近负荷削减策略的输电元件和系统的输电阻塞指标。

表 3-1　　　输电元件阻塞指标（恒定负荷，就近负荷削减策略）

输电元件	$TLCP_i$	$TLCF_i$ (次/a)	$TLCC_{i-max}$ (MVA)	$TLCC_{i-aver}$ (MVA)	$TLCE_i$ (MWh/a)
Bus3—Bus9	4×10^{-6}	0.0081	168.17	63.97	2.24
Bus3—Bus24	2×10^{-6}	0.0037	210.00	113.00	1.98
Bus8—Bus10	3×10^{-6}	0.0048	12.92	12.80	0.34
Bus15—Bus16	1×10^{-6}	0.0011	42.95	42.95	0.38
Bus15—Bus21	1×10^{-6}	0.0025	162.67	162.67	1.43
Bus15—Bus24	1×10^{-6}	0.0019	120.00	120.00	1.05
Bus16—Bus17	1×10^{-6}	0.0011	57.59	57.57	0.50
Bus16—Bus19	1×10^{-6}	0.0014	92.12	92.12	0.81

表 3-2　　　系统输电阻塞指标（恒定负荷，就近负荷削减策略）

SCP	SCF (次/a)	SCC_{max} (MVA)	SCC_{aver} (MVA)	SCE (MWh/a)
1.1×10^{-5}	0.0189	498.17	90.51	8.72

从表 3-1 可知，当系统采用就近负荷削减策略时，共有 8 条支路发生阻塞。在所有阻塞元件中输电元件 Bus3—Bus9 的 $TLCP_i$ 和 $TLCE_i$ 最大，且其 $TLCC_{i-max}$ 也较大。

从表 3-2 可知，系统阻塞指标 SCC_{max} 为 498.17MVA。这是因为当输电元件 Bus14—Bus16 和 Bus16—Bus19 同时出现故障时，输电元件 Bus3—

Bus9、Bus3－Bus24 和 Bus15－Bus24 同时出现阻塞。

从表 3－1 还可看出，从输电阻塞的角度看，输电元件 Bus3－Bus9 是系统的薄弱环节，因为在所有的输电阻塞元件中，其 $TLCE_i$ 最大。

（2）平均负荷削减策略

平均负荷削减策略下输电元件和系统的输电阻塞指标分别见表 3－3 和表 3－4。

表 3－3　　输电元件的输电阻塞指标（恒定负荷，平均负荷削减策略）

输电元件	$TLCP_i$	$TLCF_i$ (次/a)	$TLCC_{i-\max}$ (MVA)	$TLCC_{i-\text{aver}}$ (MVA)	$TLCE_i$ (MWh/a)
Bus3－Bus9	4.0×10^{-6}	0.0081	168.17	63.97	2.24
Bus3－Bus24	2.0×10^{-6}	0.0037	210.00	113.00	1.98
Bus7－Bus8	2.6×10^{-4}	0.2308	25.11	3.15	7.17
Bus8－Bus10	3.0×10^{-6}	0.0048	12.92	12.80	0.34
Bus15－Bus21	1.0×10^{-6}	0.0025	162.67	162.67	1.43
Bus15－Bus24	1.0×10^{-6}	0.0019	120.00	120.00	1.05
Bus16－Bus17	1.0×10^{-6}	0.0011	57.59	57.59	0.50
Bus16－Bus19	1.0×10^{-6}	0.0014	92.12	92.12	0.81

表 3－4　　　　系统阻塞指标（恒定负荷，平均负荷削减策略）

SCP	SCF （次/a）	$SCC_{\max}$ （MVA）	SCC_{aver} （MVA）	SCE （MWh/a）
2.72×10^{-4}	0.25	498.17	6.53	15.56

从表 3－3 可以看出，共有 8 条支路发生阻塞，在所有阻塞元件中输电元件 Bus7－Bus8 的 $TLCP_i$ 和 $TLCE_i$ 最大。

从表 3－4 可以看出，与就近负荷削减策略相比，由于输电元件 Bus7－Bus8 发生阻塞导致系统 SCP、SCF 和 SCE 大大增加。当机组，特别是位于 Bus18、Bus21 和 Bus23 的机组具有最大的和次大的等值不可用容量（装机容量×不可用率）的机组，发生随机故障时，这些机组附近的输电元件的潮流将增大。当采用平均负荷削减策略时，位于 Bus7 和 Bus8 上的负荷与其他负荷一样，按同一比例削减负荷。由于 Bus7 上的机组容量不变而 Bus7 和 Bus8 上的负荷被削减，导致输电元件 Bus7－Bus8 的潮流增加而发生阻塞。如果采用按重要程度负荷削减策略或就近负荷削减策略，就不需要削减 Bus7 和 Bus8 上的负荷。因此，在这些负荷削减策略下，输电元件 Bus7－Bus8 就不是 IEEE－RTS 的薄弱环节。

2. 电气参数对输电阻塞的影响分析

（1）就近负荷削减策略

从表 3－1 可以看出，输电元件 Bus3－Bus9 对系统阻塞概率、阻塞频率、受阻电量的影响最大，是该系统的薄弱环节，而输电元件 Bus15－Bus16 对系统阻塞影响相对小。

为便于比较，下面以调整输电元件 Bus3－Bus9、Bus15－Bus16 电气参数为例，研究电气参数变化对输电元件阻塞指标的影响。为简化计算和分析，假设如下：

方案 A1：更换输电元件 Bus3－Bus9 的型号，其额定容量从 208 MVA 增大至 238MVA。

方案 A2：更换输电元件 Bus15－Bus16 的型号，其额定容量从 600 MVA 增大至 700MVA。

对方案 A1 对应系统进行输电阻塞分析，输电元件 Bus3－Bus9 和系统的阻塞指标见表 3－5，输电元件及系统阻塞指标变化的直方图见图 3－4。

从表 3－5 和图 3－4 可以看出，当输电元件 Bus3－Bus9 额定容量增加时，输电元件指标 $TLCP_i$、$TLCF_i$、$TLCC_{i-max}$ 和 $TLCE_i$ 下降，系统阻塞指标 SCP、SCF、SCC_{max} 和 SCE 也下降。

对方案 A2 对应系统进行输电阻塞分析，输电元件 Bus15－Bus16 和系统的阻塞指标见表 3－6。

同样，从表 3－6 可以看出，当输电元件 Bus15－Bus16 额定容量增加时，其输电元件指标和系统阻塞程度也下降。

方案 A1 与方案 A2 相比，方案 A1 的系统阻塞指标改善的效果更明显。可见，增大关键输电元件（即输电薄弱环节）的额定容量可取得更好的输电阻塞缓解效果。

表 3-5 方案 A1 与原方案输电阻塞指标比较（恒定负荷，就近负荷削减策略）

输电元件 Bus3－Bus9				系统			
指标	原方案	方案 A1	变化（%）	指标	原方案	方案 A1	变化（%）
$TLCP_i$	4×10^{-6}	2×10^{-6}	−50.0	SCP	1.1×10^{-5}	9.0×10^{-6}	−18.2
$TLCF_i$（次/a）	0.0081	0.0037	−54.3	SCF（次/a）	0.0189	0.0146	−22.8
$TLCC_{i-max}$（MVA）	168.17	138.17	−17.8	SCC_{max}（MVA）	498.17	468.17	−6.0
$TLCE_i$（MWh/a）	2.24	1.79	−20.1	SCE（MWh/a）	8.72	8.27	−5.2

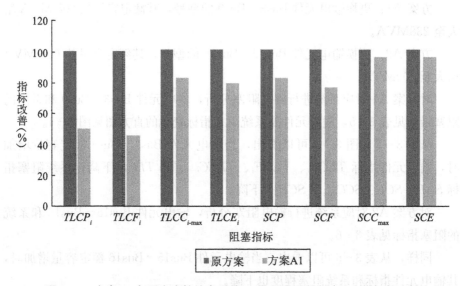

图 3-4 方案 A1 与原方案的输电元件 Bus3－Bus9 和系统阻塞指标的比较（恒定负荷，就近负荷削减策略）

表 3 - 6   方案 A2 与原方案输电阻塞指标比较（恒定负荷，就近负荷削减策略）

输电元件 Bus15—Bus16				系统			
指标	原方案	方案 A2	变化 (%)	指标	原方案	方案 A2	变化 (%)
$TLCP_i$	1×10^{-6}	0	-100.0	SCP	1.1×10^{-5}	1.0×10^{-5}	-9.1
$TLCF_i$ (次/a)	0.0011	0	-100.0	SCF (次/a)	0.0189	0.0174	-7.9
$TLCC_{i-\max}$ (MVA)	42.95	0	-100.0	$SCC_{\max}$ (MVA)	498.17	498.17	0
$TLCE_i$ (MWh/a)	0.38	0	-100.0	SCE (MWh/a)	8.72	8.34	-4.4

（2）平均负荷削减策略

在平均负荷削减策略下，输电元件 Bus7—Bus8 对系统阻塞概率、频率的影响最大。因此，下面以调整输电元件 Bus7—Bus8 电气参数为例，研究电气参数变化对输电元件阻塞指标的影响。假设如下：

方案 A3：输电元件 Bus7—Bus8 型号改变，其额定容量从 208 MVA 增大至 212MVA。

对方案 A3 对应系统进行输电阻塞分析，输电元件 Bus7—Bus8 和系统阻塞指标见表 3 - 7，输电元件及系统阻塞指标变化的直方图见图 3 - 5。

表 3 - 7   方案 A3 与原方案输电阻塞指标比较（恒定负荷，平均负荷削减策略）

输电元件 Bus3—Bus9				系统			
指标	原方案	方案 A3	变化 (%)	指标	原方案	方案 A3	变化 (%)
$TLCP_i$	2.6×10^{-4}	5.4×10^{-5}	-79.2	SCP	2.72×10^{-4}	6.7×10^{-5}	-75.4
$TLCF_i$ (次/a)	0.2308	0.0571	-75.3	SCF (次/a)	0.2500	0.0806	-67.8
$TLCC_{i-\max}$ (MVA)	25.11	21.11	-15.9	$SCC_{\max}$ (MVA)	498.17	498.19	0
$TLCE_i$ (MWh/a)	7.17	2.15	-70.0	SCE (MWh/a)	15.56	10.54	-32.3

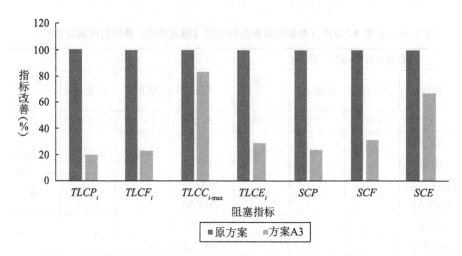

图 3-5　方案 A3 与原方案的输电元件 Bus7-Bus8 和系统阻塞指标的比较
(恒定负荷，平均负荷削减策略)

从表 3-7 和图 3-5 中也可得出如下结论：当增大关键输电元件（薄弱环节）额定容量时，该输电元件及系统的阻塞状况均可得到改善。

3. 可靠性参数对输电阻塞的影响分析

（1）就近负荷削减策略

选择 IEEE-RTS 等值不可用容量（机组装机容量×不可用率）最大的机组，即连接 Bus18、Bus21 的 400MW 机组，以及不可用率较大的支路，即 Bus3-Bus24、Bus9-Bus11、Bus9-Bus12、Bus10-Bus11、Bus10-Bus12 等变压器支路，进行元件可靠性参数对输电阻塞的影响分析。设计如下 4 个方案：

方案 B：所有 400MW 机组故障率降低 50%；

方案 C：所有 400MW 机组修复时间减少 50%；

方案 D：所有变压器支路故障率降低 50%；

方案 E：所有变压器支路修复时间减少 50%。

与原方案相比，在方案 B 和方案 C 中，输电元件 Bus3-Bus9 的阻塞指标，即 $TLCP_i$、$TLCC_{i-max}$ 和 $TLCE_i$ 没有明显变化。同样，系统阻塞指标 SCP 和 SCE 也没有变化。可见，采用就近负荷削减策略，机组的故障率对输电阻塞指标几乎没有影响。

方案 D 和方案 E 与原方案相比可以得到如下结果：①输电元件 Bus15-

Bus16 和 Bus16－Bus17 没有发生阻塞；②系统阻塞指标 *SCP*、*SCF* 和 *SCE* 降低；③方案 D 和方案 E 的其他阻塞指标与原方案一样。

这是因为：在恒定负荷模型中，当支路 Bus3－Bus24 和 Bus16－Bus17 同时出现故障时会导致输电元件 Bus15－Bus16 阻塞；当支路 Bus3－Bus24 和 Bus15－Bus16 同时出现故障时会导致输电元件 Bus16－Bus17 阻塞。因此，当提高变压器 Bus3－Bus24 的可靠性，如降低失效率或减小修复时间，会缓解输电元件 Bus15－Bus16 和 Bus16－Bus17 的阻塞程度。相应地，系统阻塞状况会得到改善。

从表 3－8 和图 3－6 可以看出：提高元件的可靠性可以缓解系统阻塞程度。随着系统阻塞状况的缓解，系统阻塞指标 *SCP*、*SCF* 和 *SCE* 会下降。

比较方案 D 和方案 E 结果发现，两方案的系统阻塞指标 *SCF* 相差较大，这是因为选中的元件（方案中可靠性参数改变的元件）具有相同的不可用率和不同的转移率。

（2）平均负荷削减策略

基于平均负荷削减策略，对前述方案 B、C、D、E 进行可靠性参数对输电阻塞的影响分析。

表 3－8 方案 D、方案 E 和原方案系统阻塞指标的比较
（恒定负荷，就近负荷削减策略）

系统指标	原方案	方案 D		方案 E	
	指标	指标	变化（%）	指标	变化（%）
SCP	1.1×10^{-5}	9.0×10^{-6}	－18.2	9.0×10^{-6}	－18.2
SCF（次/a）	0.0189	0.0175	－7.4	0.0170	－10
SCC_{max}（MVA）	498.17	498.17	0	498.17	0
SCE（MWh/a）	8.72	7.84	－10.1	7.84	－10.1

表 3－9 和表 3－10 分别列出在方案 B 和方案 C 中薄弱输电元件 Bus7－Bus8 和系统的阻塞指标。图 3－7 为方案 B、方案 C 与原方案的系统阻塞指标比较图。

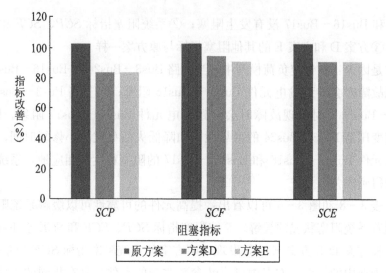

图 3-6 方案 D、方案 E 和原方案系统阻塞指标比较（恒定负荷，就近负荷削减策略）

从表 3-9、表 3-10 和图 3-7 可以看出：与原方案相比，在方案 B 和方案 C 中，输电元件 Bus7－Bus8 的指标 $TLCP_i$、$TLCC_{i-max}$ 和 $TLCE_i$ 降低，系统阻塞指标 SCP 和 SCE 也降低。

比较方案 B 和方案 C 的结果可以看出：两方案的 $TLCF_i$（SCF）有较大的差异，其他指标没有差异。

比较方案 D、方案 E 与原方案的结果可以看出：与原方案相比，所有指标只有很微小的变化。这是因为，在平均负荷削减策略下，机组故障是造成系统阻塞的主要原因，由于支路（输电线路、变压器）故障引起的阻塞所占比例相对较小，因此，通过提高支路可靠性改善该系统阻塞状况的效果不明显。

表 3-9　方案 B、方案 C 和原方案的输电元件 Bus7－Bus8 阻塞指标比较
（恒定负荷，平均负荷削减策略）

输电元件指标	原方案	方案 B		方案 C	
	指标	指标	变化（%）	指标	变化（%）
$TLCP_i$	2.6×10^{-4}	1.72×10^{-4}	-33.8	1.72×10^{-4}	-33.8
$TLCF_i$（次/a）	0.2308	0.1537	-33.4	0.1601	-30.6
$TLCC_{i-max}$ （MVA）	25.11	18.88	-24.8	18.88	-24.8
$TLCE_i$（MWh/a）	7.17	4.73	-34.0	4.73	-34.0

表 3 - 10   方案 B、方案 C 和原方案的系统阻塞指标比较

(恒定负荷，平均负荷削减策略)

系统指标	原方案	方案 B		方案 C	
	指标	指标	变化（%）	指标	变化（%）
SCP	2.72×10^{-4}	1.83×10^{-4}	−32.7	1.83×10^{-4}	−32.7
SCF（次/a）	0.2500	0.1728	−30.9	0.1793	−28.8
SCC_{max}（MVA）	498.17	498.17	0	498.17	0
SCE（MWh/a）	15.56	13.46	−13.5	13.46	−13.5

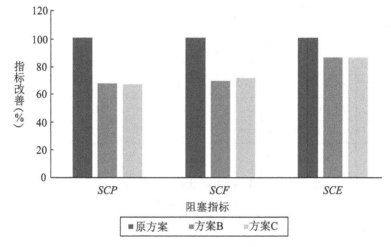

图 3 - 7   方案 B、方案 C 和原方案系统阻塞指标比较

(恒定负荷，平均负荷削减策略)

3.6.2　基于分级负荷的输电阻塞分析

基于 2.3 节中 IEEE－RTS 8736 小时负荷曲线的 70 级负荷模型，对 IEEE－RTS 的输电阻塞进行分析。当输电元件 Bus6－Bus10 故障，移除 Bus6 上 100MVA 的电抗器；当负荷水平较低时，需对发电机组的出力状况进行相应调整。

采用就近负荷削减策略，100 万次仿真中 IEEE－RTS 没有发生输电元件阻塞。下面仅讨论平均负荷削减策略下的情形。

表 3-11 给出了平均负荷削减策略下输电元件和系统阻塞指标。从表 3-11 可以看出：基于分级负荷模型，仅有 2 条支路，即输电元件 Bus7-Bus8 和 Bus8-Bus10 发生输电阻塞，且 Bus8-Bus10 阻塞的概率极小。与恒定负荷模型相比，输电元件 Bus7-Bus8 阻塞指标 $TLCP_i$、$TLCF_i$ 和 $TLCE_i$ 下降，系统阻塞指标 SCP、SCF 和 SCE 也下降。

同样的，基于分级负荷模型，采用方案 A3 的电气参数进行输电阻塞评估。表 3-12 给出方案 A3 与原方案阻塞指标比较结果，图 3-8 为方案 A3 与原方案系统阻塞指标比较图。

表 3-11　输电元件阻塞指标及系统阻塞指标（70 级分级负荷模型，平均负荷削减策略）

输电元件指标	输电元件		系统指标	
	Bus8-Bus10	Bus7-Bus8		
$TLCP_i$	1.0×10^{-6}	1.87×10^{-4}	SCP	1.88×10^{-4}
$TLCF_i$（次/a）	0.0010	0.1622	SCF	0.1632
$TLCC_{i-max}$（MVA）	5.58	15.4	SCC_{max}	15.4
$TLCE_i$（MWh/a）	0.0489	5.05	SCE	5.10

表 3-12　方案 A3 与原方案阻塞指标比较（70 级分级负荷模型，平均负荷削减策略）

输电元件 Bus7-Bus8			系统		
指标	原方案	方案 A3	变化（%）	指标	原方案	方案 A3	变化（%）
$TLCP_i$	1.87×10^{-4}	6.60×10^{-5}	−64.7	SCP	1.88×10^{-4}	6.70×10^{-5}	−64.4
$TLCF_i$（次/a）	0.1622	0.0590	−63.6	SCF（次/a）	0.1632	0.0601	−63.2
$TLCC_{i-max}$（MVA）	15.4	11.4	−26.0	SCC_{max}（MVA）	15.4	11.4	−26.0
$TLCE_i$（MWh/a）	5.05	1.45	−71.3	SCE（MWh/a）	5.10	1.50	−70.6

从表 3 - 12 和图 3 - 8 可以看出，方案 A3 与原方案相比：输电元件 Bus7 - Bus8 的 $TLCP_i$、$TLCF_i$、$TLCE_i$ 大幅度降低，分别减少 64.7%、63.6% 和 71.3%，系统阻塞指标 SCP、SCF、SCE 分别减少 64.4%、63.2% 和 70.6%。

采用方案 B、方案 C、方案 D、方案 E 提供的元件可靠性参数，基于分级负荷模型，进行元件可靠性参数对输电阻塞指标影响分析。与恒定负荷情况相似，与原方案相比，方案 B 和方案 C 中，输电元件 Bus7 - Bus8 的 $TLCP_i$、$TLCE_i$ 分别降低 34.2%、32.9%；系统指标 SCP、SCE 分别降低 34.0% 和 31.6%。对比方案 B 和方案 C 可知：两个方案中阻塞指标变化最大的元件均为输电元件 Bus7 - Bus8，其他输电元件变化较小；两个方案中 $TLCF_i$、SCF 相差较大，而其他指标基本不变。方案 D 和方案 E 与原方案相比，其变化也较小。

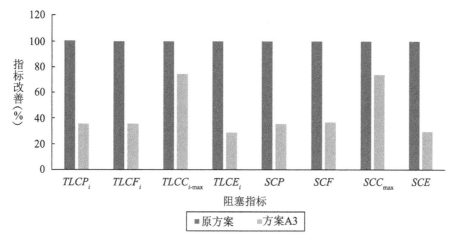

图 3 - 8　方案 A3 与原方案系统阻塞指标比较

（70 级分级负荷模型，平均负荷削减策略）

3.7　本章小结

本章从两个层面（即输电元件、系统）、三个方面（概率、频率和容量）建立了完备的指标体系，其既能从整体上评估系统阻塞状况，又能给出输电元件阻塞的严重程度。输电元件阻塞指标包括：线路阻塞概率、线路阻塞频率、线路最大阻塞容量、线路受阻电量；系统阻塞指标包括：系统阻塞概率、系统阻塞频率、系统最大阻塞容量、系统受阻电量。

基于非时序 Monte Carlo 法建立计及元件故障（发电机组、输电线路和变压器）等不确定因素的输电阻塞指标计算模型和算法，并实现在 IEEE－RTS 中采用不同负荷模型、不同负荷削减策略以及改变电气参数、可靠性参数等算例的输电阻塞分析。

通过对 IEEE－RTS 系统进行算例分析，得出以下结论：

（1）电气参数、元件可靠性参数等对输电阻塞程度有较大的影响：通过改变输电线型号以增大输电元件额定容量，可改善该输电元件及系统的阻塞状况，且该输电元件最大阻塞容量也相应下降；通过改善元件的可靠性性能，如降低元件故障率、减少修复时间等，可降低输电元件、系统的阻塞程度。

（2）负荷水平对输电元件和系统输电阻塞也有重要影响。负荷水平越低，系统输电阻塞的风险越小。

利用本书方法得到的指标可识别系统中阻塞严重的输电元件，给出元件的检修、改造建议，从而改善系统输电阻塞状况。

4 电力系统输电阻塞跟踪及薄弱环节辨识方法

4.1 引言

电力市场中，阻塞管理目的之一是以有效的手段降低输电阻塞带来的风险[110]。对可能发生输电阻塞的电力系统，可通过增大其发生输电阻塞线路的传输容量、增加新的输电线路、调节有载调压变压器的抽头、使用 FACTS 元件等措施消除输电阻塞。

利用第 3 章提出的计及元件故障的电力系统输电阻塞指标体系及评估模型，可评估输电元件和系统输电阻塞程度，识别系统中阻塞程度严重的输电元件，即薄弱的输电元件。当然，可以直接利用输电阻塞评估的结果，采用上述措施解决阻塞问题。但是，这些措施均基于输电元件的阻塞程度提出，而非从发生输电阻塞的原因直接提出。

对于输电阻塞现象，如果能辨识引起输电阻塞的根本原因，就能从源头上采取措施缓解甚至遏制输电阻塞的发生。通过此种方式，可为输电阻塞管理提供一种新的思路。

电力系统发生阻塞往往由电力元件随机故障、计划停运等引起，如何在众多的元件中确定引起输电元件（或系统）阻塞的关键元件，这正是电力系统输电阻塞跟踪所要研究的问题。

目前，跟踪技术已在潮流跟踪[47][52][111]、电力系统（包括发电系统、大电网等）可靠性跟踪[56,59]及一般网络的系统可靠性跟踪等领域得到应用。

潮流跟踪可用于确定电力系统中发电机组（或负荷）与输电元件之间的功率关系[47][52][111]。根据可靠性准则，即故障元件分摊准则 FCSP（Failed Components Sharing Principle）和比例分摊准则 PSP（Proportional Sharing Principle），可靠性跟踪法可辨识引起系统不可靠的关键元件，即跟踪每个元

件对系统不可靠性的"贡献"[56-59]。与灵敏度法相比,可靠性跟踪法有以下优点:

(1)在一个状态下,灵敏度法只能考查一个元件故障对系统不可靠(或风险)的影响。当多个元件同时故障时,无法判定每个故障元件的"贡献"大小,而可靠性跟踪法可克服灵敏度法的不足,即能同时分析全部元件对风险的"贡献"。

(2)灵敏度法需要多次重复的可靠性评估过程,而可靠性跟踪法仅需要一次可靠性评估过程就可以得出风险分摊指标,从而提高了计算效率。

本章借鉴潮流跟踪和可靠性跟踪思想,提出输电阻塞跟踪 TCT(Transmission Congestion Tracing)技术,包括输电阻塞跟踪的准则、模型和算法等。根据故障元件对输电阻塞指标"贡献"的大小,找到导致输电元件和系统发生输电阻塞的源头,从而辨识出引起输电阻塞的薄弱环节。

鉴于第 3 章已从输电元件和系统层面提出能刻画阻塞程度的指标体系,且计及元件故障(发电机、元件、变压器)等不确定因素,本章采用跟踪技术实现对第 3 章提出的各输电阻塞指标的跟踪。

需要注意的是,由电力系统的设计要求可知:在正常情况下(无元件故障),电力系统不会出现输电阻塞。因此,我们仅讨论由于元件故障引起的输电阻塞问题。本章提出输电阻塞风险分摊的准则:故障元件分摊准则及比例分摊准则,建立基于 Monte Carlo 模拟方法的输电阻塞跟踪模型及其求解算法。根据阻塞跟踪结果,即可对引起输电阻塞的关键元件(即系统薄弱环节)进行辨识。

4.2 输电阻塞跟踪的准则

第 3 章利用 Monte Carlo 法可计算计及元件故障的输电阻塞指标。假设在 Monte Carlo 模拟仿真中,对某一个系统状态,由 3 个元件同时故障引起输电阻塞,系统阻塞概率 $SCP=0.000026$,那么这三个元件究竟为输电阻塞概率作出多大的"贡献",各自该承担多少责任?换句话说,需要计算出其对 SCP 的输电阻塞跟踪分摊因子 TCTSF(Transmission Congestion Tracing Sharing Factors)。

针对发输电系统输电阻塞跟踪,给出以下 2 个基本的输电阻塞跟踪准则:

1. 故障元件分摊准则 FCSP（Failed Components Sharing Principle）

输电阻塞由故障元件承担，即正常运行元件不参与阻塞指标的分摊。由于元件正常运行时，系统不会出现输电阻塞。因此，针对阻塞状态 t，将阻塞指标 φ_t 分摊到 m 个失效元件是合理的。

2. 比例分摊准则 PSP（Proportional Sharing Principle）

元件对阻塞指标的分摊按比例进行。

需要注意的是，在某些情形下，某些故障元件（比如小容量机组）可能对电力系统输电阻塞没有影响，即它们对输电阻塞没有"贡献"，其不应当参与输电阻塞责任分摊。因此，未承担输电阻塞责任的元件应当从故障元件集中筛选出来。本书采用 Monte Carlo 法和枚举方法相结合的方法进行筛选。其步骤如下：

步骤 1：假设系统中有 M 个元件，分别是 q_1，q_2，$\cdots$，q_M，同时故障发生输电阻塞，计算出输电阻塞指标 A 的值为 e。

步骤 2：将第 i 个故障元件 q_i 从故障元件恢复为正常元件，计算输电阻塞指标 A 为 f。

步骤 3：如果 $f = e$，表明该元件是对输电阻塞没有"贡献"的无效故障元件；如果 $f < e$，表明元件对输电阻塞有影响，因此该元件是一个对输电阻塞有"贡献"的有效故障元件。

步骤 4：重复步骤 2 至 3 直到枚举出所有故障元件。通过这种方法，应当承担输电阻塞责任的有效故障元件被筛选出来。

显然，FCSP 和 PSP 中的故障元件指的是有效故障元件。

假设 t 为 Monte Carlo 模拟仿真时的某一系统阻塞状态，其由 m 个元件同时失效引起阻塞，φ_t 为该状态下某一阻塞指标。

由 Monte Carlo 模拟法可知，m 个失效元件中的任意失效元件 j 分摊的阻塞指标的比例为 $1/m$，即

$$\varphi(t \rightarrow j) = \frac{1}{m}\varphi_t \ (j=1, \ 2, \ \cdots, \ m) \tag{4-1}$$

从式（4-1）可以看出，比例分摊准则具有同一性，即实现阻塞指标的完全分摊。

4.3 发输电组合系统输电阻塞跟踪模型

假设一个电力系统有 N 个元件，每个元件只有两种状态即运行和失效。

利用输电阻塞跟踪原理，得到输电元件、系统两个层面的阻塞指标的跟踪模型。

4.3.1 输电元件阻塞指标的跟踪模型

1. $TLCP_i$ 指标的跟踪模型

根据前述比例分摊准则，该指标由第 j 个失效元件的分摊模型为

$$TLCP_i(D \rightarrow j) = \sum_{t \in D} \frac{1}{m_t} P_t \qquad (4-2)$$

其中，D 为第 i 回元件出现阻塞的状态集合，m_t 为阻塞状态 t 的失效元件数，P_t 为 D 中第 t 个系统状态发生的概率，若抽样 W 次，第 i 回元件出现阻塞，则 $P_t = 1/W$。

2. $TLCF_i$ 指标的跟踪模型

该指标由第 j 个失效元件的分摊模型为

$$
\begin{aligned}
TLCF_i(D \rightarrow j) &= TLCP_i(D \rightarrow j) \sum_{k=1}^{N} \lambda_k \\
&= \sum_{t \in D} \frac{1}{m_t} P_t \sum_{k=1}^{N} \lambda_k
\end{aligned}
\qquad (4-3)
$$

其中，N 为系统元件数；λ_k 为元件 k 在状态 D 中的转移率。如果元件 k 在工作状态，则 λ_k 是失效率；如果元件 k 处于停运状态，则 λ_k 是修复率。

同理，$TLCC_{i-max}$、$TLCE_i$ 指标的分摊模型如下：

$$TLCC_{i-max}(D \rightarrow j) = \frac{1}{m_t} \cdot TLCC_{i-max} \qquad (4-4)$$

$$TLCE_i(D \rightarrow j) = \sum_{t \in D} \frac{1}{m_t} P_t \times TLCC_{i_t} \times 8760 \qquad (4-5)$$

4.3.2 系统阻塞指标的跟踪模型

1. SCP 指标的跟踪模型

该指标由第 j 个元件的分摊模型表示如下：

$$SCP(S \rightarrow j) = \sum_{t \in S} \frac{1}{m_t} P_t \qquad (4-6)$$

其中，S 为系统出现阻塞的状态集合。

2. SCF 指标的跟踪模型

该指标由第 j 个元件的分摊模型表示如下：

$$SCF(S \to j) = SCP(S \to j)\sum_{k=1}^{N}\lambda_k = \sum_{t \in S}\frac{1}{m_t}P_t\sum_{k=1}^{N}\lambda_k \tag{4-7}$$

同理，SCC_{max}、SCE 指标的跟踪模型如下：

$$SCC_{max}(S \to j) = \frac{1}{m_t} \cdot SCC_{max} \tag{4-8}$$

$$SCE_{aver}(S \to j) = \sum_{t \in S}\frac{1}{m_t}P_t \times SCC_t \times 8760 \tag{4-9}$$

各失效元件的分摊指标除以对应的阻塞指标，即可得到输电阻塞跟踪分摊因子 $TCTSF$。比如，在输电元件阻塞指标中，$TCTSF_{Pi} = TLCP_i\ (D \to j)\ /TLCP_i$，表示第 i 回元件的阻塞概率指标 $TLCP_i$ 由第 j 个失效元件分摊比例。

表 4-1 给出了第 j 个失效元件的 $TCTSF$ 指标和模型。

表 4-1　　第 j 个失效元件的 $TCTSF$ 指标和模型

	输电阻塞指标	$TCTSF$	
		符号	计算公式
输电元件	$TLCP_i$	$TCTSF_{Pi}$	$TLCP_i\ (D \to j)\ /TLCP_i$
	$TLCF_i$（次/a）	$TCTSF_{Fi}$	$TLCF_i\ (D \to j)\ /TLCF_i$
	$TLCC_{i-max}$（MVA）	$TCTSF_{Ci-max}$	$TLCC_{i-max}\ (D \to j)\ /TLCC_{i-max}$
	$TLCE_i$（MWh/a）	$TCTSF_{Ei}$	$TLCE_i\ (D \to j)\ /TLCE_i$
系统	SCP	$TCTSF_P$	$SCP\ (S \to j)\ /SCP$
	SCF（次/a）	$TCTSF_F$	$SCF\ (S \to j)\ /SCF$
	SCC_{max}（MVA）	$TCTSF_{Cmax}$	$SCC_{max}\ (S \to j)\ /SCC_{max}$
	SCE（MWh/a）	$TCTSF_E$	$SCE\ (S \to j)\ /SCE$

4.4 输电阻塞跟踪算法

输电跟踪阻塞指标的算法步骤如下：

步骤 1：计算输电元件阻塞指标 $TLCP_i$、$TLCF_i$、$TLCC_{i-max}$、$TLCE_i$，

系统阻塞指标 SCP 、SCF、SCC_{max}、SCE。

步骤 2：利用 4.3.1 式（4-2）～式（4-5）、4.3.2 式（4-6）～式（4-9）分别计算对应输电元件、系统指标由第 j 个失效元件的分摊。

步骤 3：重复步骤 2，计算各指标由其他失效元件的分摊。

步骤 4：利用表 4-1 给出的模型计算各阻塞指标的阻塞跟踪分摊因子 TCTSF，并根据其大小辨识引起输电阻塞的关键元件。

4.5 算例分析

利用上述算法编制输电阻塞跟踪的 Matlab 程序，并对 IEEE RTS 系统进行输电阻塞的跟踪。

4.5.1 基于恒定负荷的输电阻塞跟踪及薄弱环节辨识

1. 就近负荷削减策略

就近负荷削减策略下，由于元件随机故障导致 8 条支路出现阻塞（见 3.6.1 表 3-1）。输电元件 Bus3－Bus9（L6）的 $TLCP_i$、$TLCF_i$、$TLCE_i$ 最大，它是系统中阻塞最严重的输电元件。表 4-2 列出输电元件 Bus3－Bus9（L6）和系统阻塞指标。

表 4-2　输电元件 Bus3－Bus9（L6）和系统阻塞指标（恒定负荷，
就近负荷削减策略）

输电元件指标	输电元件 Bus3－Bus9（L6）			系统			
$TLCP_i$	$TLCF_i$（次/a）	$TLCC_{i-max}$（MVA）	$TLCE_i$（MWh/a）	SCP	SCF（次/a）	SCC_{max}（MVA）	SCE（MWh/a）
4.0×10^{-6}	0.0081	168.17	2.24	1.1×10^{-5}	0.0189	498.17	8.72

（1）输电元件和系统的输电阻塞跟踪

表 4-3 和表 4-4 分别为输电元件 Bus3－Bus9（L6）和系统的阻塞及阻塞跟踪指标。

（2）输电元件和系统输电阻塞跟踪分析

从表 4-3 和表 4-4 可以看出：对每一个输电阻塞指标，所有元件的 TCTSF 之和为 100%，包括输电元件的 $TCTSF_{Pi}$、$TCTSF_{Fi}$ 和 $TCTSF_{Ei}$，

系统的 $TCTSF_P$、$TCTSF_F$、$TCTSF_{Cmax}$ 和 $TCTSF_E$。换句话说,本书提出的阻塞跟踪技术能够实现对电力系统输电阻塞指标的完全分摊。

从表 4-3 可以看出,基于就近负荷削减策略,L6 的输电阻塞由输电元件故障引起,且这些输电元件累计的 $TCTSF_{Pi}$、$TCTSF_{Fi}$ 和 $TCTSF_E$ 均为 100%。其中,L23 和 L29 对 L6 的输电阻塞影响最大,它们的 $TCTSF_E$ 分别为 32.86% 和 39.94%;这两条支路累计的 $TCTSF_{Pi}$、$TCTSF_{Fi}$ 和 $TCTSF_{Ei}$ 分别为 37.50%、44.40% 和 72.80%。因此,这两个元件是引起 L6 输电阻塞的关键元件。这是因为当 L23 和 L29 同时故障时,L6 出现阻塞,在它所有的阻塞状态中,这个状态下其阻塞容量最大。

从表 4-4 可以看出,输电元件 L2、L7、L12、L23、L27、L28 和 L29 对 SCP 和 SCF 的影响最大。这 7 个元件累计的 $TCTSF_P$、$TCTSF_F$ 分别为 68.18% 和 67.51%。然而,L2、L12 和 L27 拥有相对大的 $TCTSF_P$、$TCTSF_F$ 和相对小的 $TCTSF_E$。这是因为这 3 条支路故障引起其他输电元件阻塞常发生在两个或多个元件同时故障的情形,而在每一个输电阻塞状态下发生输电元件的阻塞容量相对较小。

表 4-3　　输电元件 Bus3—Bus9（L6）的 *TCT* 和 *TCTSF* 指标

(恒定负荷模型，就近负荷削减策略)

输电元件	输电元件 Bus3—Bus9 (L6) 的 TCT 指标			TCTSF		
输电元件	$TLCP_i$	$TLCF_i$ (次/a)	$TLCE_i$ (MWh/a)	$TCTSF_{Pi}$ (%)	$TCTSF_{Fi}$ (%)	$TCTSF_{Ei}$ (%)
Bus1—Bus3 (L2)	1.00×10^{-6}	0.00165	0.225	25.00	20.40	10.06
Bus11—Bus14 (L19)	5.00×10^{-7}	0.00120	0.159	12.50	14.80	7.08
Bus14—Bus16 (L23)	5.00×10^{-7}	0.00120	0.737	12.50	14.80	32.86
Bus15—Bus24 (L27)	1.00×10^{-6}	0.00165	0.225	25.00	20.40	10.06
Bus16—Bus19 (L29)	1.00×10^{-6}	0.00240	0.895	25.00	29.60	39.94
输电元件				100	100	100
发电机组				0	0	0
总计	4×10^{-6}	0.0081	2.24	100	100	100

表4-4　系统输电阻塞跟踪（TCT）和TCTSF指标（恒定负荷模型，就近负荷削减策略）

元件	容量(MW)/母线	SCP	系统TCT指标			TCTSF			
			SCF(次/a)	SCC_{max}(MVA)	SCE(MWh/a)	$TCTSF_P$(%)	$TCTSF_F$(%)	$TCTSF_{Cmax}$(%)	$TCTSF_E$(%)
G9 G10 G11 发电机组	100/Bus7	6.67×10^{-7}	0.00120	0	0.075	6.06	6.33	0	0.86
Bus1−Bus3 (L2)	—	1.00×10^{-6}	0.00174	0	0.243	9.09	9.18	0	2.78
Bus3−Bus24 (L7)	—	1.50×10^{-6}	0.00194	0	1.283	13.64	10.24	0	14.71
Bus8−Bus9 (L12)	—	1.00×10^{-6}	0.00180	0	0.129	9.09	9.49	0	1.48
Bus11−Bus14 (L19)	—	5.00×10^{-7}	0.00126	0	0.132	4.55	6.66	0	1.51
Bus14−Bus16 (L23)	—	1.00×10^{-6}	0.00174	249.09	2.603	9.09	9.23	50	29.84
Bus15−Bus16 (L24)	—	5.00×10^{-7}	0.00073	0	0.143	4.55	3.84	0	1.64
Bus15−Bus21 (L25)	—	5.00×10^{-7}	0.00057	0	0.374	4.55	3.02	0	4.28
Bus15−Bus24 (L27)	—	1.00×10^{-6}	0.00174	0	0.243	9.09	9.18	0	2.78
Bus16−Bus17 (L28)	—	1.00×10^{-6}	0.00130	0	0.918	9.09	6.86	0	10.53
Bus16−Bus19 (L29)	—	1.00×10^{-6}	0.00252	249.09	2.428	9.09	13.33	50	27.84
输电元件						81.83	81.03	100	97.39
总计		1.1×10^{-5}	0.0189	498.17	8.72	100	100	100	100

图 4-1 为就近负荷削减策略下的系统输电阻塞跟踪 *TCTSF* 指标。从图 4-1 可以看出，输电元件 L23 和 L29 对 *SCE* 指标有严重影响，它们累计的 *TCTSF$_E$* 指标达 57.68%。从对 *SCP*、*SCF* 和 *SCE* 等指标的跟踪结果看，以下 7 条支路，即 L2、L7、L12、L23、L27、L28 和 L29，是输电阻塞的薄弱环节。

从图 4-1 还可以看出，基于就近负荷削减策略，输电元件是引起系统输电阻塞的主要元件。

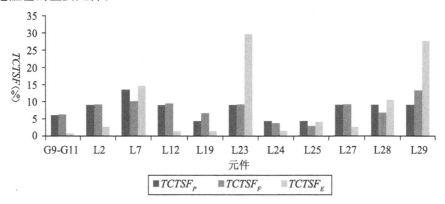

图 4-1 系统输电阻塞跟踪分摊因子（*TCTSF*）

（恒定负荷模型，就近负荷削减策略）

注：为了突出关键元件，阻塞贡献小于 2% 的元件未在图中显示，下同。

2. 平均负荷削减策略

平均负荷削减策略下，由于元件故障造成 8 条支路阻塞，其中输电元件 Bus7－Bus8（L11）具有最大的输电阻塞指标，它是最严重的输电阻塞元件。表 4-5 为输电元件和系统的输电阻塞指标。

从表 4-5 可以看出，与输电元件 Bus7－Bus8（L11）相比，其他 7 条支路，即 L7、Bus8－Bus10（L13）、Bus15－Bus21（L25）、Bus15－Bus24（L27）、Bus16－Bus17（L28）、L6 和 L29，它们的阻塞概率很小，但其阻塞容量相对较大。因此，它们对 SCE 有较大的影响。

（1）输电元件及系统阻塞跟踪计算

表 4-6 和表 4-7 分别为 L11 和系统的输电阻塞跟踪（*TCT*）及 *TCTSF* 指标。从这两张表可以看出，系统的输电阻塞指标可完全分摊给所有元件。

表 4－5　　输电元件 Bus7－Bus8 和系统的阻塞指标（恒定负荷模型，平均负荷削减策略）

输电元件指标	L11	L6	L7	L13	L25	L27	L28	L29	系统指标	
$TLCP_i$	2.6×10^{-4}	4.0×10^{-6}	2.0×10^{-6}	3.0×10^{-6}	1.0×10^{-6}	1.0×10^{-6}	1.0×10^{-6}	1.0×10^{-6}	SCP	2.72×10^{-4}
$TLCF_i$(次/a)	0.2308	0.0081	0.0037	0.0048	0.0025	0.0019	0.0011	0.0014	SCF(次/a)	0.2500
$TLCE_i$(MWh/a)	7.17	2.24	1.98	0.34	1.43	1.05	0.50	0.81	SCE(MWh/a)	15.56

表4—6　输电元件 Bus7—Bus8 的 TCT 和 TCTSF 指标（恒定负荷模型，平均负荷削减策略）

元件	容量 (MW)/Bus	输电元件 Bus7—Bus8（L11）的 TCT 指标				TCTSF	
		$TLCP_i$	$TLCF_i$ (次/a)	$TLCE_i$ (MWh/a)	$TCTSF_{Pi}$ (%)	$TCTSF_{Fi}$ (%)	$TCTSF_{Ei}$ (%)
G9 G10 G11	100/Bus7	1.81×10^{-5}	0.01595	0.586	6.95	6.9	8.18
G12 G13 G14	197/Bus13	7.22×10^{-6}	0.00721	0.172	2.78	3.1	2.39
G20	155/Bus15	6.31×10^{-6}	0.00652	0.213	2.43	2.8	2.97
G21	155/Bus16	5.87×10^{-5}	0.05051	1.520	22.57	21.89	21.21
G22	400/Bus18	5.91×10^{-5}	0.05075	1.520	22.73	21.99	21.20
G23	400/Bus21	8.36×10^{-6}	0.00858	0.240	3.21	3.72	3.34
G30 G31	155/Bus23	5.56×10^{-5}	0.04730	1.456	21.38	20.50	20.31
G32	350/Bus23	1.81×10^{-5}	0.01595	0.586	6.95	6.91	8.18
发电机组					99.17	98.48	99.30
L28	—	9.75×10^{-7}	0.00182	0.034	0.38	0.79	0.48
L33	—	1.95×10^{-7}	0.00031	0.001	0.08	0.14	0.02
L35	—	9.75×10^{-7}	0.00137	0.015	0.38	0.60	0.21
输电元件		2.60×10^{-4}			0.83	1.52	0.70
总计			0.2308	7.17	100	100	100

表4—7 系统TCT和TCTSF指标(恒定负荷模型,平均负荷削减策略)

元件	容量(MW)/Bus	系统TCT指标				TCTSF			
		SCP	SCF(次/a)	SCC_{max}(MVA)	SCE(MWh/a)	$TCTSF_P$(%)	$TCTSF_F$(%)	$TCTSF_{Cmax}$(%)	$TCTSF_E$(%)
G9 G10 G11	100/Bus7	6.55×10^{-7}	0.00109	0	0.072	0.24	0.44	0	0.46
G12 G13 G14	197/Bus13	1.82×10^{-5}	0.01597	0	0.585	6.68	6.39	0	3.76
G20	155/Bus15	7.25×10^{-6}	0.00722	0	0.171	2.67	2.89	0	1.10
G21	155/Bus16	6.34×10^{-6}	0.00653	0	0.213	2.33	2.61	0	1.37
G22	400/Bus18	5.90×10^{-5}	0.05060	0	1.516	21.68	20.24	0	9.74
G23	400/Bus21	5.94×10^{-5}	0.05084	0	1.516	21.82	20.33	0	9.74
G30 G31	155/Bus23	8.40×10^{-6}	0.00860	0	0.239	3.09	3.44	0	1.54
G32	350/Bus23	5.58×10^{-5}	0.04739	0	1.452	20.53	18.95	0	9.33
发电机组						95.95	92.38	0	47.01
L2	—	9.83×10^{-7}	0.00215	0	0.217	0.36	0.86	0	1.40
L7	—	1.48×10^{-7}	0.00175	0	0.814	0.54	0.70	0	5.23

续表

元件	容量 (MW)/Bus	系统TCT指标				TCTSF			
		SCP	SCF (次/a)	SCC_{max} (MVA)	SCE (MWh/a)	$TCTSF_P$ (%)	$TCTSF_F$ (%)	$TCTSF_{Cmax}$ (%)	$TCTSF_E$ (%)
L12	—	9.83×10^{-7}	0.00163	0	0.108	0.36	0.65	0	0.69
L19	—	4.92×10^{-7}	0.00091	0	0.221	0.18	0.36	0	1.42
L23	—	9.83×10^{-7}	0.00161	249.09	2.494	0.36	0.64	50	16.03
L24	—	4.92×10^{-7}	0.00052	0	0.243	0.18	0.21	0	1.56
L25	—	4.92×10^{-7}	0.00123	0	0.687	0.18	0.49	0	4.42
L27	—	9.83×10^{-7}	0.00215	0	0.217	0.36	0.86	0	1.40
L28	—	1.97×10^{-7}	0.00358	0	0.903	0.72	1.43	0	5.80
L29	—	9.83×10^{-7}	0.00182	249.09	2.325	0.36	0.73	50	14.94
L33	—	1.97×10^{-7}	0.00031	0	0.001	0.07	0.13	0	0.01
L35	—	9.83×10^{-7}	0.00138	0	0.015	0.36	0.55	0	0.09
输电元件		2.72×10^{-4}	0.2500	498.17	15.56	4.05	7.62	0	52.99
总计						100	100	100	100

（2）输电元件及系统跟踪结果分析

图 4-2 为基于平均负荷削减策略的系统 $TCTSF$ 指标。从图 4-2 可以看出 G22、G23 和 G32 对指标 SCP 和 SCF 的影响最大。这三个元件累计的 $TCTSF_P$ 和 $TCTSF_F$ 分别为 64.03% 和 59.52%。这是因为：G22、G23 和 G32 具有最大的和次大的等值不可用容量（装机容量×不可用率），从 3.6.1 节可知，当机组总容量小于负荷总量时，必须削减负荷以使系统恢复到正常状态。

当采用平均负荷削减策略时，Bus7 和 Bus8 上的负荷与其他负荷一样，按同一比例削减负荷。由于 Bus7 上的机组容量不变而 Bus7 和 Bus8 的负荷被削减，导致 L11 的潮流增加而发生阻塞。在该系统所有输电元件中，L11 的 $TLCP_i$ 和 $TLCF_i$ 最大，其 $TLCP_i$ 和 $TLCF_i$ 大于其他 7 条支路之和。显然，系统指标 SCP 和 SCF 主要依赖 L11 的 $TLCP_i$ 和 $TLCF_i$。

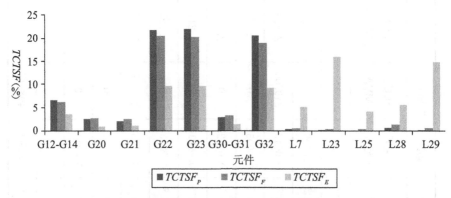

图 4-2　系统输电阻塞跟踪分摊因子（$TCTSF$）（恒定负荷模型，平均负荷削减策略）

根据对指标 SCP、SCF 和 SCE 等的跟踪分析，5 个元件 G22、G23、G32、L23 和 L29 为导致系统输电阻塞的薄弱环节。

从图 4-2 还可以看出：与就近削减负荷策略一样，L23 和 L29 也对 SCE 有重要影响，它们累计的 $TCTSF_E$ 达 30.97%。与平均削减负荷策略相比，用就近负荷削减策略发电机组故障对输电阻塞的影响更小。

4.5.2　基于分级负荷的输电阻塞跟踪及薄弱环节辨识

基于分级负荷模型，采用就近负荷削减策略，在 100 万次仿真中未发生输电元件阻塞。下面仅讨论平均负荷削减策略下的输电阻塞跟踪。

从 3.6.2 中可知，系统共有 2 条支路即 Bus8－Bus10（L13）和 Bus7－Bus8（L11）发生阻塞，L13 发生阻塞为极小概率事件。由于 L11 的输电阻塞及输电阻塞跟踪指标非常接近系统指标，因此，下面仅跟踪系统输电阻塞。

表 4-8 为系统输电阻塞跟踪（TCT）和 TCTSF 指标。从表 4-8 可以看出，引起系统输电阻塞的主要元件是发电机组，它们累计的 $TCTSF_P$、$TCTSF_F$ 和 $TCTSF_E$ 分别为 99.51％、99.17％ 和 99.70％。

图 4-3 为 70 级负荷模型对应的系统 TCTSF 指标。从图 4-3 可以看出，G22、G23 和 G32 是引起输电阻塞的薄弱环节。这 3 个元件累计的 $TCTSF_P$、$TCTSF_F$ 和 $TCTSF_E$ 分别为 57.77％、55.31％ 和 56.49％。与恒定负荷模型相比，输电元件对分级负荷模型输电阻塞的影响更小。这是因为分级负荷模型的平均负荷水平小于恒定负荷模型，发电容量较为充裕。

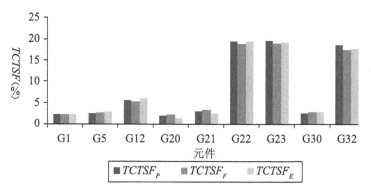

图 4-3　系统输电阻塞跟踪分摊因子（TCTSF）

（70 级负荷模型，平均负荷削减策略）

上述算例分析发现，采用本书提出的阻塞跟踪模型能够有效地将阻塞指标公平合理地分摊到各元件，实现阻塞跟踪。根据阻塞跟踪结果，实现薄弱环节辨识。

表 4 – 8　系统 TCT 和 TCTSF 指标 (70 级负荷模型, 平均负荷削减策略)

元件	母线/支路	容量(MW)	系统 TCT 指标			TCTSF		
			SCP	SCF(次/a)	SCE(MWh/a)	$TCTSF_P$(%)	$TCTSF_F$(%)	$TCTSF_E$(%)
G1G2	1	20	4.160×10^{-6}	0.0036	0.1130	2.22	2.25	2.24
G3G4	1	76	1.217×10^{-6}	0.0011	0.0296	0.65	0.70	0.59
G5G6	2	76	4.705×10^{-6}	0.0044	0.1482	2.52	2.71	2.94
G7G8	2	20	7.382×10^{-7}	0.0007	0.0215	0.39	0.42	0.43
G9~G11	7	100	0	0	0	0	0	0
G12~G14	13	197	1.038×10^{-5}	0.0087	0.3006	5.55	5.37	5.96
G15~G19	15	12	7.323×10^{-7}	0.0007	0.0163	0.39	0.44	0.32
G20	15	155	3.786×10^{-6}	0.0037	0.0725	2.02	2.25	1.44
G21	16	155	5.429×10^{-6}	0.0054	0.1274	2.90	3.34	2.53
G22	18	400	3.656×10^{-5}	0.0304	0.9829	19.55	18.77	19.51
G23	21	400	3.685×10^{-5}	0.0308	0.9708	19.71	18.97	19.26
G24~G29	22	50	4.715×10^{-7}	0.0006	0.0136	0.25	0.35	0.27
G30G31	23	155	4.817×10^{-6}	0.0046	0.1437	2.58	2.85	2.85
G32	23	350	3.461×10^{-5}	0.0285	0.8930	18.51	17.57	17.72
发电机组						99.51	99.17	99.70
输电元件						0.49	0.83	0.30
总计						100	100	100

4.6 本章小结

发输电系统结构复杂、元件众多，各元件对系统输电阻塞的影响各不相同。如能找到一种阻塞分摊方法，给出各元件对系统阻塞的"贡献"大小，以确定引起输电元件（或系统）阻塞的薄弱环节，将为运行和规划人员提供一种新的阻塞分析方法。

针对该问题，本章借鉴潮流跟踪和可靠性跟踪技术，给出了基于故障元件分摊及比例分摊思想的阻塞跟踪准则，建立了输电阻塞跟踪模型并给出求解算法。

对某一抽样系统状态，若系统出现输电阻塞时，基于比例分摊方法，将该状态出现的概率、频率、容量、电量等指标分摊到各元件（即需承担分摊责任的元件）。对所有系统状态，各元件累计各自分摊到的指标，即可得到各元件的阻塞跟踪指标，实现输电元件（系统）阻塞指标的跟踪，从而辨识引起输电元件（系统）阻塞的薄弱环节。

以 IEEE-RTS 为例进行了算例分析，结果表明本书提出的阻塞跟踪模型及算法可将输电元件（系统）各阻塞指标公平合理地分摊到各元件，并辨识系统输电阻塞的薄弱环节。

5 含风电电力系统的输电阻塞指标和评估模型

5.1 引言

随着人类环保意识的日益增强，加之常规能源日益枯竭，在此背景下，新能源利用引起了更广泛的关注。在新能源中，风能资源是最有开发利用前景的可再生能源和清洁能源。风力发电削弱了对常规化石燃料的需求，保护环境、减少污染，部分常规发电机组容量还可由风电机组替代。在电力系统中，并网风电场占比日益增大，越来越多的学者致力于含并网风电场电力系统的研究。

元件故障及负荷变化等不确定因素会影响电力系统的输电能力，可能造成输电阻塞。将一定容量的风电场接入电力系统可以缓解电力系统的阻塞状况。然而，风力发电不同于传统发电，在发电设备可用率方面，因风电的间歇性使得它与传统发电设备存在差别，因此，衡量风力发电的容量可信度显得十分必要。

目前，已有不少风电场容量可信度相关研究成果[112-122]，已有多种风电场容量可信度的定义和衡量准则。常见的容量可信度基于系统可靠性水平（可靠性性能），即为维持系统可靠性水平加入的风电机组与多少容量的常规机组相当[123]。但是，从输电阻塞角度刻画风电场容量可信度的研究还很鲜见。

风电场接入电力系统对缓解系统输电阻塞有一定的贡献，如何刻画风电场缓解系统输电阻塞程度的贡献？本书第3章提出计及元件故障的电力系统输电阻塞Monte Carlo评估方法，已给出刻画输电阻塞程度的指标体系，这些指标能够反映整个系统的输电阻塞水平，但不能直接显示风电场对缓解电力系统输电阻塞程度的贡献。

此外，在大电网中负荷具有时序变化特点，同时，风速也具有时序变化特点。在风电场并网的电力系统中，风速和负荷是两个非独立随机变量，天气、季节、温度等气候条件会同时影响它们，且相互间有一定的相关性，在含风电场电力系统的输电阻塞评估中不能忽略这种相关性。

针对风速—负荷相关性的研究已有不少成果。文献［124］建立了AR-MA预测模型对风速进行预测，计及温度参量的时序风速可通过非参数估计的方法获取。在建立时序风速—负荷模型时，考虑风速随负荷变化影响，在此基础上对风电容量裕度进行研究。文献［125］通过对时序负荷抽样，针对带储能装置的风电系统，研究其接入配电网运行的可靠性指标。文献［126］给出一种含风电的配电网可靠性评估方法，该方法考虑了风速—负荷相关性，并用联合分布函数解析描述这种相关性。

上述研究中，文献［126］的风速和负荷相关性的解析式由相关系数和联合分布函数来表达，而表达相关性的关键参量是相关系数，于是两者的相关性分布可用计及相关性的风速—负荷二元联合分布函数描述。由于风机出力直接反映风速变化规律，可分别将风机出力和负荷水平均划分为若干等级，利用聚类方法再将风机出力和负荷水平划归到相应水平等级，实质上，这就转换为一个有关二维离散型随机变量的条件分布问题。本章借鉴该方法建立计及相关性的风电场出力—负荷Monte Carlo抽样模型。

针对以上问题，本章在第3章的基础上，推导计及风机出力与负荷相关性的风电场出力—负荷序列抽样模型，给出基于输电阻塞指标的风电场容量可信度的定义，建立容量可信度计算模型并给出其求解算法，给出风电出力对输电阻塞的贡献指标。

5.2 风电场出力模型

5.2.1 风速模型

风速随时间变化而变化，且具有自相关性，即 t 时刻的风速与此前的风速有关。风速建模方法有时间序列法[127]，概率分布法，如两参数威布尔分布[128−129]、瑞利分布[130−131]和Lognormal分布，以及人工神经网络[132]、卡尔曼滤波法等方法。其中，时间序列法较成熟、简单实用，建模所需信息少，运算方便，多用于中、短期风速预测，是较好的风速模拟方法[133]。本章采用时间序列法建立风速模型。

一个时段范围的风速数据具有时间序列的随机性，其为一个典型的时间序列。因此，其分析方法可采用时间序列法。使用较普遍的时间序列法有以下几种：滑动平均模型（Moving Average，MA）、自回归模型（Auto－Regressive，AR）、自回归滑动平均模型（Auto－Regressive Moving Average，ARMA）、累积式自回归－滑动平均模型（Auto－Regressive Integrated Moving Average，ARIMA）等。其中，常采用的模型是 ARMA 模型[134－135]。

以下是以风速观测数据序列为基础，建立的自回归滑动平均模型 ARMA (m, n)：

$$y_t = \varphi_1 y_{t-1} + \varphi_2 y_{t-2} + \cdots + \varphi_n y_{t-n} + a_t -$$
$$\theta_1 a_{t-1} - \theta_2 a_{t-2} - \cdots - \theta_m a_{t-m} \tag{5-1}$$

其中，φ_1，φ_2，$\cdots$，φ_p 为自回归参数，θ_1，θ_2，$\cdots$，θ_q 为滑动平均参数；$\{a_t\}$ 为一零均值、方差为 σ_a^2 的正态白噪声过程，即 $a \in N (0, \sigma_a^2)$。

由式（5-2）可计算出每小时模拟的风速值

$$SW_t = \mu + \sigma_t y_t \tag{5-2}$$

其中，μ_t 与 σ_t 分别为观测值序列的均值和标准差估值。

假设 $\langle x_t \rangle$ 为观测风速值序列，则分别通过式（5-3）和式（5-4）计算出 μ_t 与 σ_t：

$$\mu_t = \frac{1}{N} \sum_{t=1}^{N} x_t \tag{5-3}$$

$$\sigma_t = \sqrt{\frac{1}{N-1} \sum_{t=1}^{N} (x_t - \mu_t)^2} \tag{5-4}$$

参数估计和模型定阶这两个过程在时间序列分析法建模中很重要，也非常复杂。这两个过程实际上就是计算参数 φ、θ 和确定 m、n，模型参数的计算精度以及风速预测的准确性取决于这两个过程[136]。文献 [137] 用矩估计法及最小二乘估计法估计参数。文献 [136] 利用 Pandit－Wu 建模，其采用 Yule－Walker 方程和 Gauss－Seidel 法估计参数 φ、θ。该建模方法的优势在于使模型定阶和计算过程简单化，且效果不错，因此，本书也采用该方法进行参数估计。

5.2.2　计及尾流效应的风速模型

图 5-1 表示不同风机之间风速的尾流效应。图中，风机安装在 $X=0$ 处，

X 为沿风速方向距风机安装点的距离；H 为风机转子半径；H_w 为 X 点处的尾流半径；V_0 和 V_x 分别为吹向和离开风电机组的风速。

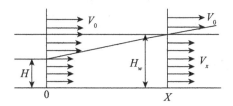

图 5-1　风电机组尾流效应示意

1. 平坦地形的尾流模型[138]

该尾流模型为

$$V_x = V_0\Big[1 - (1 - \sqrt{1 - C_T})\Big(\frac{H}{H + KX}\Big)^2\Big] \tag{5-5}$$

其中，C_T 为风机的推力系数，其与风机结构及风速有关；K 为尾流下降系数，其与风的湍流强度成正比。

$$K = k_w(\sigma_G + \sigma_0)/U \tag{5-6}$$

其中，σ_G 和 σ_0 分别为风机产生的湍流和自然湍流的均方差；U 为平均风速；k_w 为一经验常数。

从 V_x 是 C_T 的函数可以看出，风机的空气动力特性会影响尾流效应。

2. 复杂地形的尾流模型[139]

如果风机的下风向是复杂地形，在 X 处，假设未安装风机的风速为 V_{0X}，安装了风机的风速为 V'_X，令

$$V_X = V_0(1 - d_F) \tag{5-7}$$

$$V'_X = V_{0X}(1 - d_C) \tag{5-8}$$

其中，d_F 和 d_C 分别为平坦地形和复杂地形对应的风速下降系数。

假设未安装风机时，坐标 0 点和 X 点的压力一样，并且平坦地形和复杂地形在安装风机后的尾流损耗一样，于是有：

$$d_C = d_F (V_0/V_{0X})^2 \tag{5-9}$$

对于有损耗的非均匀风速场，式（5-9）可以较好地描述它。

5.2.3　风电机组与风电场出力模型

风电场（Wind Farm）输出功率的变化主要源于风速和风向的波动、风

电机组 WTG (Wind Turbine Generation) 的故障停运等。通常，同一风电场的不同风机，其风速、风向基本相同。这样，可假设同一风电场中全部风机的风速和风向一样。于是，单台风机的输出功率就可由风机的功率特性曲线与尾流效应对应的系数进行计算，该风电场的输出功率等于全部风机功率之和。

图 5-2 为描述风机的功率特性曲线，即式（5-10）：

$$P_t = \begin{cases} 0 & 0 \leqslant SW_t \leqslant V_{ci} \\ A + B \times SW_t + C \times SW_t{}^2 & V_{ci} \leqslant SW_t \leqslant V_r \\ P_r & V_r \leqslant SW_t \leqslant V_{co} \\ 0 & V_{co} \leqslant SW_t \end{cases} \qquad (5-10)$$

其中，A、B、C 为风机功率特性曲线参数；V_{ci}、V_r、V_{co}、P_r 分别为风机切入风速、额定风速、切除风速和风机额定功率。

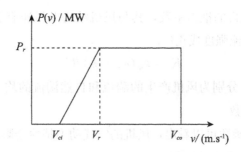

图 5-2　风电机组输出功率曲线

全部风机发电功率之和为风电场的发电功率。若要计及尾流效应，则需考虑以下相关因素：地形地貌、风向、机组间距和风的湍流强度等。

5.3　计及风电场出力—负荷相关性的抽样模型

由于风速的随机性和波动性，风机出力随时间变化，故常用发电概率表描述其出力特性[140]。

本书利用风机多状态概率表和分级负荷模型概率表描述风电场出力和负荷的分布特性，根据其统计的相关系数，采用统计方法得到用正态分布描述的风电出力—负荷的二元分布函数，从而得到考虑其相关性的风电场出力—负荷序列。

5.3.1 风电机组出力的多状态概率模型

利用上述风速时间序列法模型和功率曲线，分别求出风机的风速和输出功率，从而得到风机输出功率的多状态概率表。该过程简要描述如下：

步骤1：划分风机出力状态数；

步骤2：统计风机各级出力状态的时段数；

步骤3：各级出力状态的时段数除以总时段数，估算各出力状态的概率。

从理论上讲，风机出力状态数越多，精度越高，但同时也会大大增加计算量。文献[141]指出5状态概率模型已能满足工程计算精度的要求。为此，本书风电机组可靠性模型也采用5状态概率模型。

下面以Saskatchewan（加拿大）风电场的风速数据为例进行分析。平均风速19.46km/h，标准方差9.7km/h，风电机组装机容量为2MW[141]。风电机组5状态概率表如表5-1所示，其中风电机组出力用标幺值表示。假设某一风电场有N台风电机组，其风电场实际输出功率＝N×风电机组装机容量×风电机组出力（标幺值）。

表5-1　　　　　　　　　　5状态风电机组概率模型

风电机组出力水平	概率	累计概率
1.00	0.0560	0.0560
0.75	0.0635	0.1195
0.50	0.1147	0.2342
0.25	0.2441	0.4783
0	0.5188	1

5.3.2 分级负荷概率模型

分级负荷模型能够更真实地模拟季节对负荷水平的影响。考虑到计算量，本书选择7级负荷模型。根据全年IEEE-RTS 8736小时负荷曲线，负荷水平最大值和最小值分别为100%和31%，聚类为7级负荷水平。统计各级负荷水平的概率，7级负荷模型见表5-2，其中负荷水平L_k取区间的中点，用标么值表示。

表 5-2　　　　　　　　　　　7 级负荷模型

序号（k）	负荷区间	时点数	负荷水平（L_k）	概率（P_k）	累计概率（CP_k）
1	[31%, 40%)	442	35%	0.0506	0.0506
2	[40%, 50%)	1839	45%	0.2105	0.2611
3	[50%, 60%)	1803	55%	0.2064	0.4675
4	[60%, 70%)	2106	65%	0.2411	0.7086
5	[70%, 80%)	1458	75%	0.1669	0.8755
6	[80%, 90%)	968	85%	0.1108	0.9863
7	[90%, 100%]	120	95%	0.0137	1
总计		8736		1	

5.3.3　风电场出力—负荷联合分布函数的建立

假设任意随机变量 x_1、x_2 服从正态分布，则二维向量 $X = (x_1, x_2)^T$ 服从密度函数为式（5-11）的二元正态分布[142]：

$$f(x_1, x_2) = \frac{1}{2\pi\sigma_1\sigma_2(1-\rho^2)^{1/2}} \exp\left\{-\frac{1}{2(1-\rho^2)}\left[\frac{(x_1-\mu_1)^2}{\sigma_1^2} - \right.\right.$$

$$\left.\left. 2\rho\frac{(x_1-\mu_1)(x_2-\mu_2)}{\sigma_1\sigma_2} + \frac{(x_2-\mu_2)^2}{\sigma_2^2}\right]\right\}, -\infty < x_1, x_2 < \infty$$

$$(5-11)$$

其中，μ_1、μ_2 分别为 x_1、x_2 的平均值；σ_1^2、σ_2^2 分别为 x_1、x_2 的方差；ρ 是 x_1 与 x_2 的相关系数。如果 $\rho = 0$，说明 x_1 与 x_2 相互独立；如果 $\rho > 0$，说明 x_1 与 x_2 正相关；如果 $\rho < 0$，说明 x_1 与 x_2 负相关。

本书风电场出力水平和负荷水平用正态分布描述，即 $p \sim N(\mu_1, \sigma_1^2)$，$l \sim N(\mu_1, \sigma_1^2)$。因此，二维随机向量 $Y = (p, l)^T$ 服从二元正态分布，ρ 为两者的相关系数。风电场出力水平和负荷是两个时间序列，可以用下式定义它们之间的相关系数[143]：

$$\rho = \frac{(1/n)\sum_{t=1}^{n}(p_t-\mu_1)(l_t-\mu_2)}{\sigma_1\sigma_2} \tag{5-12}$$

其中，p_t、l_t 分别为风电出力和负荷时间序列时刻的水平标幺值；μ_1 和 μ_2、σ_1 和 σ_2 分别为两个时间序列的平均值和标准差；n 为时间序列的长度。

风电场风速数据、负荷数据分别来源于 Saskatchewan 和 IEEE－RTS，计算得出 $\rho=0.1506$，说明两者呈正相关，据此得到风机出力—负荷二元正态分布的密度函数为

$$f(p,l) = \frac{1}{2\pi\sigma_1\sigma_2(1-\rho^2)^{1/2}}\exp\left\{-\frac{1}{2(1-\rho^2)}\left[\frac{(p-\mu_1)^2}{\sigma_1^2}-\right.\right.$$
$$\left.\left. 2\rho\frac{(p-\mu_1)(l-\mu_2)}{\sigma_1\sigma_2}+\frac{(l-\mu_2)^2}{\sigma_2^{\,2}}\right]\right\},\ -\infty<p,l<\infty \tag{5-13}$$

两个相关随机变量，即风机出力水平和负荷水平，在定义域内取任意值时的概率密度可以用式（5-13）描述。

依据式（5-13），用 Monte Carlo 模拟法对风机出力水平及负荷水平进行抽样，计算每组风机出力水平—负荷水平抽样序列所对应的输电阻塞指标。抽样方法如下：

步骤 1：随机抽取两个取值为 [0，1] 的均匀分布随机数。根据风机多状态概率表、分级负荷模型概率表（表 5-1、表 5-2），分别得到风电场出力水平标幺值和负荷水平标幺值，即 $\omega=(p_1,l_1)$。

步骤 2：分解风电场出力水平和负荷水平的协方差矩阵 $\boldsymbol{\Omega}$，使 $\boldsymbol{\Omega}=LL^T$，求出矩阵 $\boldsymbol{L}$。

步骤 3：通过矩阵 $\boldsymbol{L}$ 对 ω 变换，使 $\omega'=L\omega^T+\mu_\omega^T$；其中 ω^T 和 μ_ω^T 分别为 ω 和 μ_ω 的转置，$\mu_\omega=(\mu_1,\mu_2)$，则 ω' 为需求解的风电场出力水平—负荷水平序列 (p,l)。

步骤 4：依据式（5-12）和式（5-13），用抽样得到的全部风电场出力水平—负荷水平序列，计算出与其对应的二元正态分布函数 $f_1(p,l)$，$f_1(p,l)$ 与式（5-13）的误差 ε 由区间积分求出，若 $\varepsilon<10^{-3}$（设定误差精度），则抽样结束，否则重复上述步骤，直至满足收敛条件。

假设 M 为抽样次数，则可得到 M 个计及两者分布及相关性的风电场出力水平—负荷水平序列。

5.4 风电出力对输电阻塞的"贡献"指标

表 5-3 给出了本书第 3 章的系统阻塞指标体系。

表 5-3   系统阻塞评估指标体系

指标	表示符号	单位
系统阻塞概率	SCP	—
系统阻塞频率	SCF	次/a
系统阻塞容量	SCC	MVA
系统受阻电量	SCE	MWh/a

该指标体系能够反映系统整体输电阻塞水平，但不能描述风电场接入电力系统后对系统阻塞程度的"贡献"。因此，需在系统阻塞评估指标体系基础上，进一步提出如下风电场阻塞指标：

1. 风电场对系统阻塞概率贡献指标 SCP_{WB}

$$SCP_{WB} = \frac{SCP_0 - SCP_1}{\Delta C_w} \qquad (5-14)$$

其中，SCP_0、SCP_1 分别为风电场并网前、后系统输电阻塞概率 SCP，ΔC_w 为风电场装机容量。

该指标反映了风电场并网后单位装机容量对系统阻塞概率变化的贡献。

2. 风电场对系统阻塞频率贡献指标 SCF_{WB}

$$SCF_{WB} = \frac{SCF_0 - SCF_1}{\Delta C_w} \qquad (5-15)$$

其中，SCF_0、SCF_1 分别为风电场并网前、后系统输电阻塞频率 SCF。它反映了风电场并网后单位装机容量对系统阻塞频率变化的贡献。

3. 风电场对系统受阻电量贡献指标 SCE_{WB}

$$SCE_{WB} = \frac{SCE_0 - SCE_1}{\Delta C_w} \qquad (5-16)$$

其中，SCE_0、SCE_1 分别为风电场并网前、后系统受阻电量 SCE。它反映了风电场并网后单位装机容量对系统受阻电量变化的贡献。

5.5 含风电电力系统输电阻塞的评估算法

根据风速随机性和波动性的特点，采用非时序 Monte Carlo 模拟法对含风电电力系统输电阻塞进行评估，其步骤如下：

步骤 1：输入发输电网可靠性参数、电气参数等。

步骤 2：按表 5-1、表 5-2 分别对风电场出力水平、负荷水平随机抽样，并计算两者的平均值和标准差。

步骤 3：计算风电场出力时间序列、负荷时间序列两者的相关系数，求得风电场出力—负荷的二元正态分布函数 $f(p, l)$。

步骤 4：根据联合分布函数，对风电场出力—负荷序列进行 Monte Carlo 法抽样；同时，对机组、支路（含变压器）的运行状态进行随机抽样。

步骤 5：计算含风电出力在内的机组总容量和负荷总量，如果机组总容量小于负荷总量，削减负荷，否则继续。

步骤 6：对发电机组重新调度（仅调节常规发电机组）。

步骤 7：计算系统潮流。

步骤 8：根据潮流结果，判断输电元件容量是否越限。若越限，则系统出现阻塞，计算输电元件阻塞指标和系统阻塞指标；若未越限则继续。

步骤 9：求解抽样得到的全部风电出力—负荷序列所对应联合分布函数 $f_1(p, l)$，并计算 $f_1(p, l)$ 与 $f(p, l)$ 的误差 ε，若 $\varepsilon < 10^{-3}$ 则转步骤 10，否则，转步骤 4。

步骤 10：利用式（5-14）～式（5-16）分别计算风电出力对输电阻塞的贡献指标 SCP_{WB}、SCF_{WB}、SCE_{WB}。

步骤 11：输出计及风电场出力—负荷相关性的输电元件阻塞指标、系统阻塞指标及 SCP_{WB}、SCF_{WB}、SCE_{WB} 指标。

计及风电场出力—负荷相关性的大电网输电阻塞评估流程见图 5-3。

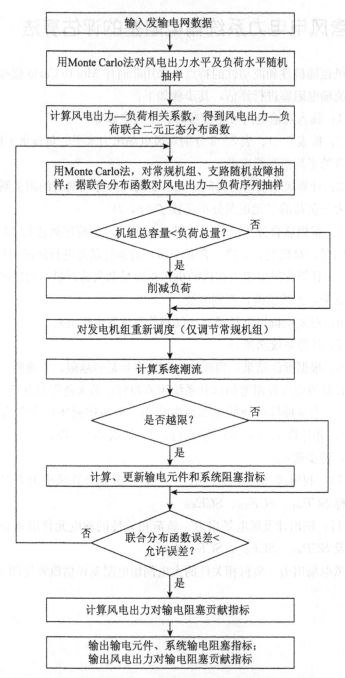

图 5-3　计及风电场出力—负荷相关性的大电网输电阻塞评估流程

5.6 基于输电阻塞的风电场容量可信度

5.6.1 基于阻塞指标的风电场容量可信度模型

发电容量可信度又称有效容量，是电源可被信用的容量，它可以用一个周期内发出的电能除以周期内小时数来评价，也可以通过对比不同性质的电源对供电可靠性的影响来评估，其既可以用容量表示，也可以用比值表示[112-113,144]。

如前所述，目前已有多种风电场容量可信度的定义和衡量标准，但归纳起来主要有两种：有效载荷能力（Effective Load Carrying Capability，ELCC）和有效固定容量（Equivalent Firm Capacity，EFC)[115,121,145-146]。本书借鉴第二种方法，以比值形式定义基于系统阻塞指标的风电场容量可信度。

基于输电阻塞指标的风电场容量可信度（Capacity Credit，CC）是指：保持系统输电阻塞指标水平不变的前提下，风电场能替代的常规机组容量与风电场装机容量的比值。它直接反映了风电场建设后可节省的常规机组容量。

在系统阻塞指标体系中，系统受阻电量 SCE（$= SCC_{aver} \times SCP \times 8760$）能综合反映系统阻塞程度，在计算风电场容量可信度时可选择 SCE 指标。当然，其他指标可依此进行定义。

由定义可知，风电场容量可信度为

$$CC = \frac{\Delta C_c}{\Delta C_w} \bigg|_{SCE\ 不变} \tag{5-17}$$

其中，ΔC_c 为保持系统受阻电量 SCE 不变时，风电场能替代的常规机组容量；ΔC_w 为风电场装机容量。

5.6.2 风电场容量可信度求解算法

根据前述基于系统输电阻塞指标的风电场容量可信度的定义，其计算过程如下。

首先，对初始系统（不考虑并网风电场）计算其系统阻塞指标——SCE，记为 SCE_0。计入风电场后，重新计算其 SCE，记为 SCE_r；移去风电场，恢复到初始系统（即系统受阻电量为 SCE_0），用常规机组代替风电场，调整新增常规机组容量，直至 SCE 等于 SCE_r。此时，新增常规机组容量与风电场容量之比即为 CC，新增常规机组容量也称为等效传统机组容量。

含风电场的电力系统和用等效传统机组替代风电场的电力系统，其阻塞指标 SCE 与系统总装机容量分别存在以下关系：

$$SCE = f(C_0 + \Delta C_w) \qquad (5-18)$$
$$SCE = f(C_0 + \Delta C_c) \qquad (5-19)$$

其中，f 为以电力系统总装机容量为变量的系统阻塞指标 SCE 函数；C_0 为系统原有装机容量；ΔC_w 为新增风电场装机容量；ΔC_c 为新增等效传统机组容量。

由于 f 并不存在一个精确表达式，已知 ΔC_w 或 ΔC_c 求 SCE 可通过 Monte Carlo 模拟仿真进行计算。反过来，已知 SCE 求对应的 ΔC_w 或 ΔC_c 却是一件极其复杂的工作。

本书采用二分法求解风电场容量可信度。图 5-4 为风电场容量可信度二分法几何示意图，曲线 1、2 分别为系统并入风电场容量和加入等效传统机组容量与 SCE 关系曲线。初始系统时输电阻塞指标为 SCE_0，当系统并入风电场容量 $\Delta C_w = \Delta C_{wr}$ 时，$SCE = SCE_r$，要计算风电场容量可信度，必须求出系统的 $SCE = SCE_r$ 时对应的等效传统机组容量，即图 5-4 中的 ΔC_{cr}。由风电特点可知，等效传统机组容量位于 0 和风电场装机容量之间，即 $\Delta C_c \in (0, \Delta C_{wr})$。

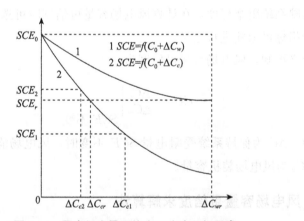

图 5-4　风电场容量可信度二分法几何示意

风电场容量可信度的求解步骤如下：

步骤 1：给定收敛精度，用 Monte Carlo 模拟法计算系统并入装机容量为 ΔC_{wr} 风电场后系统阻塞指标 SCE_r；

步骤 2：令等效传统机组初始边界为 $[a, b] = [0, \Delta C_{wr}]$；

步骤 3：确定等效传统机组装机容量 $d=(a+b)/2$；形成新的系统，并计算 SCE_n；

步骤 4：比较新系统的 SCE 指标与 SCE_r 指标，计算误差 $e=SCE_n-SCE_r$；判断是否收敛。如不收敛，且 $e>0$，则令 $a=d$，返回步骤 3；如 $e<0$，则令 $b=d$，返回步骤 3；直到收敛结束计算，输出 d 即为所求风电场等效传统机组容量 ΔC_{cr}。

图 5-4 中，等效传统机组容量初始范围为 $[0，\Delta C_{wr}]$，精确解为 ΔC_{cr}。曲线 2 呈单调递减特性。由前述算法知，第 1 次二分可得到等效传统机组容量区间为 $[0，\Delta C_{c1}]$，其对应的阻塞指标为 SCE_1；第 2 次二分得到区间为 $[\Delta C_{c2}，\Delta C_{c1}]$，对应的阻塞指标为 SCE_2。重复以上过程，可使 SCE 计算值不断逼近 SCE_r 直至达到收敛解。此时对应的等效传统机组容量 ΔC_{cr} 即为满足阻塞指标 SCE_r 要求的等效传统机组容量。

风电场容量可信度：

$$CC=\left.\frac{\Delta C_{cr}}{\Delta C_{wr}}\right|_{SCE=SCE_r} \tag{5-20}$$

5.7 算例分析

本章选用两个算例系统分析风电场并入大电网对系统输电阻塞的影响。

为更好地分析电力系统输电阻塞特性，对 IEEE-RTS[109] 进行了修改，即将原系统南部区域的机组移至北部区域，南部区域发电机组资源相对不足，同时增大负荷峰值，以使南部区域产生输电阻塞，进而形成两个修改后的 IEEE-RTS 系统：

Case 1 系统：

将负荷峰值增至原系统的 1.1 倍，系统负荷峰值达到 3135 MW。Bus6、Bus10 间的电缆容量增至原系统的 1.1 倍，将原系统 Bus1 上的 2 台 76MW 机组移至 Bus18，将原系统 Bus7 上的 1 台 100MW 的机组移至 Bus22。修改后的系统总发电容量仍保持 3405MW。其他参数不变。

Case 2 系统：

将原系统 Bus1 上 2 台 76MW 机组移至 Bus16，将原系统 Bus2 上 2 台 76MW 机组移至 Bus18，将原系统 Bus7 上 2 台 100MW 机组移至 Bus22。其

余同 Case 1 系统。

基于含风电电力系统输电阻塞的评估模型、风电场容量可信度二分法模型的非时序 Monte Carlo 求解法，编制其 Matlab 程序。计算中，仿真次数100 万次；采用交流潮流，元件（发电机组、输电元件和变压器）采用两状态模型，即正常和故障；采用就近削减负荷策略。

对 Case 1 系统，采用恒定负荷模型，负荷峰值作为恒定负荷。风机容量采用表 5-1 所示的 5 状态概率模型。对 Case 2 系统，采用分级负荷模型。风电场容量水平和负荷水平抽样采用计及风电出力场—负荷相关性的 Monte Carlo 模拟抽样方法。

5.7.1 含风电场的电力系统输电阻塞评估算例

本部分主要探讨风电场并入大电网的位置对大电网输电阻塞的影响。

选择南部区域的 Bus1、Bus7、Bus8 和中部区域的 Bus13 作为风电场并入大电网的位置。

1. Case1 的输电阻塞分析

Case 1 系统中，当未并入风电场时，对系统进行阻塞分析，其结果见表 5-4。分别在 Bus1、Bus7、Bus8 和 Bus13 并入 100MW 风电场时，再对系统进行输电阻塞分析，其结果见表 5-5。

表 5-4　　　　未并入风电场时的系统阻塞指标（Case1）

SCP	SCF（次/a）	SCC$_{aver}$（MVA）	SCE（MWh/a）
4.09×10^{-4}	0.3637	22.96	82.27

表 5-5　　　四个位置并入 100MW 风电场的系统阻塞指标（Case 1）

并入位置	SCP	SCF（次/a）	SCC$_{aver}$（MVA）	SCE（MWh/a）
Bus1	1.24×10^{-4}	0.1373	52.90	57.46
Bus7	1.90×10^{-4}	0.1791	22.15	36.87
Bus8	1.29×10^{-4}	0.1368	29.23	33.03
Bus13	2.09×10^{-4}	0.2240	35.19	64.43

从表 5-5 可以看出，四个位置并入 100MW 风电场后，SCP、SCF、SCE 指标相对于未并入风电场时均有降低。图 5-5 为四个位置分别并入 100MW 风电场与未并风电场的 SCE 指标比较图，与未并入风电场时相比，它们的 SCE 分别降低了 30.2%、55.2%、59.9% 和 21.7%。

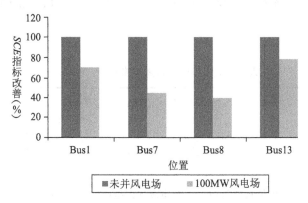

图 5-5 四个位置并入 100MW 风电场的 SCE 指标比较（Case 1）

表 5-6 为四个位置分别并入 100MW 风电场时的风电出力对输电阻塞的贡献指标。四个并入位置中，Bus1 的 SCP_{WB} 最大，说明同样 100MW 的风电场，并入 Bus1 改善系统指标 SCP 的贡献最大；Bus8 的 SCF_{WB} 和 SCE_{WB} 最大，说明此位置改善系统指标 SCF 和 SCE 贡献最大；Bus13 的 SCP_{WB}、SCF_{WB} 和 SCE_{WB} 都最小，说明此位置并入风电对缓减系统输电阻塞的效果最差。这是因为南部区域的常规机组移至北部后，尽管发电机组装机容量不变，但南部区域缺电，整个系统发电机组分布不平衡仍然会引起系统输电阻塞。在南部区域并入适当的风电场可以改善阻塞状况，而 Bus13 位于系统中部，其阻塞缓减效果不明显。

表 5-6 四个位置并入 100MW 风电场时风电出力对输电阻塞的贡献指标（Case 1）

并入 位置	SCP_{WB} 1/MW	SCF_{WB} （次/a. MW）	SCE_{WB} （MWh/a. MW）
Bus1	2.85×10^{-6}	2.264×10^{-3}	0.2481
Bus7	2.19×10^{-6}	1.846×10^{-3}	0.4536
Bus8	2.80×10^{-6}	2.269×10^{-3}	0.4920
Bus13	2.00×10^{-6}	1.397×10^{-3}	0.1780

2.Case 2 的输电阻塞分析

Case 2 系统中，当未并入风电场时，对系统进行阻塞分析，其结果见表 5－7。分别在 Bus1、Bus7、Bus8 和 Bus13 并入 60MW 风电场时，进行输电阻塞分析，其结果见表 5－8。

图 5－6 为四个位置分别并入 60MW 风电场与未并风电场的 SCE 指标改善情况。

表 5－7　　　　　　未并入风电场时的系统阻塞指标（Case 2）

SCP	SCF （次/a）	SCC_{aver} （MVA）	SCE （MWh/a）
1.20×10^{-5}	0.0157	35.86	3.77

表 5－8　　　　四个位置并入 60MW 风电场的系统阻塞指标（Case 2）

并入 位置	SCP	SCF （次/a）	SCC_{aver} （MVA）	SCE （MWh/a）
Bus1	1.00×10^{-5}	0.0139	35.69	3.13
Bus7	5.00×10^{-6}	0.0049	63.40	2.78
Bus8	5.00×10^{-6}	0.0049	57.58	2.52
Bus13	1.10×10^{-5}	0.0146	29.70	2.86

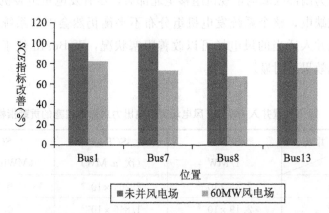

图 5－6　四个位置并入 60MW 风电场的 *SCE* 指标比较（Case2）

从表 5－8 可以看出，与未并入风电场时相比，Bus1、Bus7、Bus8 和

Bus13 四个位置接入 60MW 风电场后，系统的 SCP、SCF、SCE 指标均降低。四个位置的 SCE 均得到了不同程度的改善，与未并风电场时相比，它们的 SCE 分别降低了 17.0%、26.3%、33.2% 和 24.2%。

表 5-9 为四个位置分别并入 60MW 风电场时的风电出力对输电阻塞的贡献指标。四个并入位置中，Bus7、Bus8 的 SCP_{WB}、SCF_{WB} 一样，都为最大值，但 Bus8 的 SCE_{WB} 最大，说明在此位置 60MW 风电场改善系统指标效果最好。

表 5-9　四个位置并入 60MW 风电场时风电出力对输电阻塞的贡献指标 (Case 2)

并入 位置	SCP_{WB} (1/MW)	SCF_{WB} (次/a.MW)	SCE_{WB} (MWh/a.MW)
Bus1	3.33×10^{-8}	3.00×10^{-5}	0.0160
Bus7	1.17×10^{-7}	1.80×10^{-4}	0.0248
Bus8	1.17×10^{-7}	1.80×10^{-4}	0.0313
Bus13	1.67×10^{-8}	1.83×10^{-5}	0.0228

从上述实验可以看出，在适当的位置，适当容量的风电场并入大电网可以缓解系统阻塞状况，同样容量的风电场并入位置不同，改变系统阻塞状况的程度可能存在差异；风电出力对输电阻塞的贡献指标可以直接显示风电场对电力系统输电阻塞改善程度的贡献。

5.7.2　风电场容量可信度算例

1. Case1 中的风电场容量可信度

针对 Case 1，原系统（未并入风电场）受阻电量 SCE_0 为 82.27 MWh/a。

分别在原系统的 4 个位置并入一定容量的风电场，其余电气参数不变。为简化计算和分析，假设如下：

方案 A：Bus1 并入 100MW 风电场；

方案 B：Bus7 并入 100MW 风电场；

方案 C：Bus8 并入 100MW 风电场；

方案 D：Bus13 并入 100MW 风电场；

方案 E：Bus1 并入 120MW 风电场。

需要说明的是，在 Case 1 中，相对于 IEEE—RTS，Bus1 和 Bus7 上均有常规机组移至北部，而 Bus1 上移至北部的常规机组总容量大于 Bus7，Bus1 相对缺电一些，故在实验中，增加方案 E，即在 Bus1 并入 120MW 风电场。由于本书定义的风电场容量可信度 CC 是一个相对值，并入风电场容量的大小不会影响对结果的分析。

针对这 5 个方案，分别计算系统阻塞指标 SCE、风电阻塞指标 SCE_{WB}（前 4 个方案的 SCE、SCE_{WB} 已在 5.7.1 节计算出），利用二分搜索法求解等效传统机组容量和风电场容量可信度，计算结果如表 5-10 所示。

表 5-10　　　风电场经不同母线并网的系统阻塞指标、容量
可信度及风电阻塞指标（Case 1）

方案号	并入母线	SCE (MWh/a)	ΔC_w (MW)	ΔC_c (MW)	CC	SCE_{WB} (MWh/a. MW)
方案 A	Bus1	57.46	100	34	0.34	0.2481
方案 B	Bus7	36.87	100	35	0.35	0.4540
方案 C	Bus8	33.03	100	31	0.31	0.4924
方案 D	Bus13	64.43	100	26	0.26	0.1784
方案 E	Bus1	49.98	120	43	0.36	0.2691

从表 5-10 可以看出，5 个方案在不同阻塞水平 SCE 下的风电场容量可信度不同，即 CC 与 SCE 水平相关。容量可信度还与风电场并入位置有关，同样容量为 100MW 的风电场，方案 A、B、C、D 由于并入位置不同，它们的 SCE、CC、SCE_{WB} 存在较大差异，尤其是方案 C 和方案 D。这是因为各母线和系统联系的输电线容量有差异，使得相同容量的风电场并入不同位置对系统阻塞的影响不一样。5 个方案中，方案 D 的 SCE、CC、SCE_{WB} 指标均最差，说明在四个位置中，Bus13 并入风电场对改善输电阻塞的效果最不理想。

从表 5-10 还可以看出，与方案 A 相比，由于方案 E 在 Bus1 接入的风电场容量由 100MW 增至 120MW，其 SCE、CC、SCE_{WB} 均好转，可见并入风电场的容量也会影响系统输电阻塞改善效果。5 个方案中，方案 E 的 CC 指标最好，但其 SCE、SCE_{WB} 指标明显不如方案 B 和方案 C。

2. Case 2 中的风电场容量可信度

从 5.7.1 节知，对 Case 2，原系统受阻电量 SCE_0 为 3.77 MWh/a。

分别在 Case2 的四个位置并入一定容量的风电场，其余电气参数不变。假设如下：

方案 A：Bus1 并入 60MW 风电场；

方案 B：Bus7 并入 60MW 风电场；

方案 C：Bus8 并入 60MW 风电场；

方案 D：Bus13 并入 60MW 风电场。

针对这 4 个方案，分别计算系统阻塞指标 SCE、风电阻塞指标 SCE_{WB}（已在 5.7.1 节计算出），其结果如表 5 - 11 所示。

从表 5 - 11 可以看出，4 个方案中，方案 B 的 CC 指标最优，但方案 C 的 SCE_{WB} 指标最优。

表 5 - 11　　风电场经不同母线并网的系统阻塞指标、容量可信度及风电阻塞指标 (Case 2)

方案号	并入母线	SCE (MWh/a)	ΔC_w (MW)	ΔC_c (MW)	CC	SCE_{WB} (MWh / a. MW)
方案 A	Bus1	3.13	60	19	0.32	0.0160
方案 B	Bus7	2.78	60	21	0.35	0.0248
方案 C	Bus8	2.52	60	18	0.30	0.0313
方案 D	Bus13	2.86	60	16	0.27	0.0228

从上述算例可以看出，仅评价 CC 指标具有片面性。这是由于 CC 虽能较好地反映在某水平系统阻塞指标下风电场与常规机组改善阻塞的贡献的相对值，但是在考虑输电网络元件故障以后，风电场和传统机组的阻塞指标都受到网络的影响，相对值就不能反映风电场改变阻塞程度的贡献，但 SCE_{WB} 恰恰是它的补充。因此，综合考虑 CC 和 SCE_{WB} 指标能更好地评价风电场并入大电网对系统阻塞状况改善的有效性和经济性。

5.8　本章小结

本章提出了风电出力对输电阻塞的贡献指标体系，其能反映风电场并入电力系统改变输电阻塞的贡献，指标包括：风电场对系统阻塞概率贡献、风电场对系统阻塞频率贡献、风电场对系统受阻电量贡献。建立了计及风电场出力—负荷相关性的大电网系统输电阻塞评估模型；从输电阻塞角度，定义了风电场的容量可信度；建立了基于 Monte Carlo 法的计及元件故障的风电场容量可信度模型，并给出该模型的二分法求解算法；分析了并入风电场位置对系统输电阻塞的影响；分析了发电容量可信度（以输电阻塞角度）、风电出力对系统受阻电量的贡献指标与并入风电场的有效性和经济性的关系。

通过对修改的 IEEE—RTS 实验系统进行算例分析，得出以下结论：

（1）并入风电场的位置和容量均会影响系统输电阻塞改善效果。

（2）风电场容量可信度指标反映了风电场与传统机组缓解阻塞状况贡献的相对值，风电出力对系统受阻电量贡献指标反映了风电场改变系统输电阻塞的贡献。两者结合可以更好地评价风电场并网对系统阻塞状况改善的有效性和经济性。

该研究有助于拓展风电场规划理论，风电场并网时既要考虑系统可靠性又要考虑系统输电阻塞状况，它可为系统规划人员和风电投资者在风电场的选址、风电场建设规模等方面科学决策提供更丰富的信息。

6 结论与展望

6.1 本书研究工作总结

通常，传统输电阻塞评估模型不能考虑元件随机故障、负荷时序变化，属确定性输电阻塞模型，其指标只能回答是否出现阻塞，而难以刻画其受阻程度等信息。计及系统元件故障、负荷时序变化等因素的输电阻塞概率型评估模型，可获得输电阻塞的程度描述，提供更丰富的阻塞信息。

输电阻塞管理的重要任务之一就是确保输电系统在安全范围内运行。通常，由于电力元件随机故障，使得网络输电容量与输电计划之间出现矛盾引起输电阻塞。如果能够辨识引起输电阻塞的关键元件，就能从源头上采取相应措施，从本质上缓解或消除输电阻塞。

由于风电具有间歇性、波动性等特点，其并网后对系统输电阻塞的影响将不同于常规机组。因此，需进一步研究含风电场的电力系统输电阻塞评估问题。

本书针对上述问题，以电力系统输电阻塞评估模型和算法、辨识模型和算法为研究对象，提出了输电阻塞评估指标体系，研究了计及电力元件随机故障和负荷时序变化的输电阻塞评估概率模型和算法、输电阻塞跟踪模型和算法、含风电的电力系统输电阻塞评估模型和算法。主要成果概述如下：

（1）基于 Monte Carlo 法研究了输电阻塞现象的概率特性，结合负荷时序变化特点，基于聚类分析法对负荷进行分层分级，建立计及负荷曲线的多时段的、概率型的输电阻塞评估模型。

该模型克服了大多数方法只能针对单一潮流断面阻塞分析的缺陷，实现从评价某一时刻的确定性评估模型到计及负荷时序变化的多时段、概率型的评估模型。算例分析表明，本书提出的输电阻塞模型可计入负荷时序变化，相对于传统的单一时刻运行模型，其更准确，更接近工程实际。

（2）从输电元件、系统两个层面，概率、频率、容量三个方面，建立了完备的指标体系，评估元件阻塞程度的指标包括：元件阻塞概率、元件阻塞频率、元件最大阻塞容量、元件受阻电量；评估系统阻塞程度的指标包括：系统阻塞概率、系统阻塞频率、系统受阻电量。该指标体系既能从整体上评估系统阻塞状况，又能给出输电元件阻塞的严重程度，为电力系统安全经济运行提供丰富的信息。

（3）建立了计及元件（发电机、元件、变压器等）随机故障等不确定因素的输电阻塞评估模型，给出了基于非时序的 Monte Carlo 法的求解算法。据此可计算出系统和每一输电元件的阻塞概率、阻塞频率、最大阻塞容量和受阻电量。

算例分析表明：①通过改变系统电气参数、元件可靠性参数可改变输电元件及系统阻塞状况：通过改变输电线型号以增大其额定容量时，该元件及系统阻塞状况得到改善，且该元件最大阻塞容量也相应下降；通过改善元件的可靠性性能，如降低元件故障率、减少修复时间等，可降低输电元件、系统的阻塞程度；②负荷水平对输电元件和系统输电阻塞有重要影响。负荷水平越低，系统输电阻塞的风险越小。

（4）借鉴可靠性跟踪技术，给出阻塞跟踪准则，即基于故障元件分摊准则和比例分摊准则，建立输电阻塞跟踪模型，给出该模型的 Monte Carlo 求解算法。该模型可计算出各元件对系统阻塞指标的贡献，实现输电元件（系统）阻塞指标的跟踪，从而辨识引起输电元件（系统）阻塞的薄弱环节。

算例分析表明，本书算法可将输电元件（系统）各阻塞指标公平合理地分摊到各元件，找到引起输电阻塞的"源头"，即导致输电阻塞的关键元件，便于从源头上采取措施缓解甚至遏制输电阻塞发生。

（5）提出风电出力对输电阻塞贡献的指标体系，其能反映风电场并入电力系统对缓解输电阻塞贡献；建立计及风电场出力—负荷相关性的大电网系统输电阻塞评估模型；从系统输电阻塞角度定义了风电场的发电容量可信度，计及元件故障建立基于 Monte Carlo 法的风电场容量可信度模型，并提出该模型的二分法求解算法。同时，分析了并入风电场位置及容量对系统输电阻塞的影响。

算例分析表明：①并入风电场的位置和容量均会影响系统输电阻塞改善的效果；②风电场容量可信度指标反映了风电场与传统机组缓解阻塞状况贡献的相对值，风电出力对系统受阻电量贡献指标反映了风电场缓解阻塞贡献的大小。两者结合可以更好地评价风电场并网对系统阻塞状况改善的有效性和经济性。

6.2 后续研究工作展望

虽然本书在计及元件故障的电力系统输电阻塞评估、辨识模型及算法方面进行了探索性的研究，并取得一定的成效，但由于实际电力系统非常复杂，使得本书在输电阻塞评估方面的研究还存在不足之处。今后将在以下几个方面进一步深化我们的研究工作。

（1）对输电阻塞的预测的研究。在电力系统中，如果能给出较精确的负荷预测曲线，利用本书提出的输电阻塞评估方法，可实现电力系统输电阻塞预测。因此，将负荷预测与本书评估方法有机结合可进一步研究系统输电阻塞预测方法。

（2）本书提出的输电阻塞评估与跟踪方法仅考虑了电力设备（发电机、元件、变压器）故障的随机性、负荷的时序性，实际电力系统中还存在发电计划的随机性、电价的不确定以及计划检修等其他不确定因素。下一步研究工作中需考虑将这些因素纳入输电阻塞评估及跟踪模型。

（3）电力系统既是一项复杂的系统，又是一项动态系统。本书提出的方法适用于静态的电力系统，今后需进一步研究适用于动态的电力系统的输电阻塞评估与跟踪方法。

参考文献

[1] KUMAR, S C SRIVASTAVA, S N SINGH. Congestion management in competitive power market: A bibliographical survey [J]. Electric Power Systems Research, 2005, 76 (1-3): 153-164.

[2] H L, Y SHEN, Z B ZABINSKY. Social welfare maximization in transmission enhancement considering network congestion [J]. IEEE Transaction on Power Systems, 2008, 23 (3): 1105-1114.

[3] P JOSKOW. Market for power in the United States: An interm assessment [J]. The Energy Journal, 2006, 27 (1): 1-36.

[4] 彭慧敏, 薛禹胜, 许剑冰, 等. 关于输电阻塞及其管理的评述 [J]. 电力系统自动化, 2008, 31 (3): 101-107.

[5] A H SEYYED, A NIMA, S MIADREZA, et al. A new multi—objective solution approach to solve transmission congestion management problem of energy markets [J]. Applied Energy, 2016, 165 (3): 462-471.

[6] S N SINGH, A K DAVID. Optimal location of FACTS devices for congestion management [J]. Electric Power Systems Research, 2001, 58 (2): 71-79.

[7] M I ALOMOUSH, S M SHAHIDEHPOUR. Contingency—constrained congestion management with a minimum number of adjustments in preferred schedules [J]. International Journal of Electrical Power & Energy Systems, 2000, 22 (4): 277-290.

[8] K S VERMA, S N SINGH, H O GUPTA. Location of unified power flow controller for congestion management [J]. Electric Power Systems Research, 2001, 58 (2): 89-96.

[9] G HAMOUD, I BRADLEY. Assessment of transmission congestion cost and locational marginal pricing in a competitive electricity market [J].

IEEE Transactions on Power Systems, 2004, 19 (2): 769 - 775.

[10] N S RAU. Transmission loss and congestion cost allocation—an approach based on responsibility [J]. IEEE Transactions on Power Systems, 2000, 15 (4): 579 - 585.

[11] R S FANG, A K DAVID. Transmission congestion management in electricity market [J]. IEEE Transaction on Power Systems, 1999, 14 (3): 833 - 877.

[12] S DUTTA, S P SINGH. Optimal rescheduling of generators for congestion management based on particle swarm optimization [J]. IEEE Transactions on Power Systems, 2008, 23 (4): 1560 - 1569.

[13] A KUMAR, S C SRIVASTAVA, S N SINGH. A zonal congestion management approach using real and reactive power rescheduling [J]. IEEE Transactions on Powers, 2004, 19 (1): 554 - 562.

[14] K LIU, Y NI, F WU. Decentralized congestion management for multilateral transactions based on optional resource allocation [J]. IEEE Transactions on Power Systems, 2008, 22 (4): 1835 - 1842.

[15] J W BLIALCK. Elimination of merchandise surplus due to spot pricing of electricity [J]. IEE Proc. —Gener. Transm. Distrib. 1997, 144 (5): 399 - 405.

[16] V SARKAR, S A KHAPARDE. A comprehensive assessment of the evaluation of financial transmission rights [J]. IEEE Transactions on Power Systems, 2008, 23 (4): 1783 - 1795.

[17] G LI, C LIU, H SALAZAR. Forecasting transmission congestion using day—ahead shadow prices [C]. Power Systems conference and exposition, 2006: 1705 - 1709.

[18] J C CUARESMA. Forecasting electricity spot prices using linear univariate time series models [J]. Applied Energy, 2004, 77 (1): 87 - 106.

[19] J CONEJO, M A PLAZAS, et al. Day—ahead electricity price forecasting using the wavelet transform and ARIMA models [J]. IEEE Transactions on Power Systems, 2005, 20 (2): 1035 - 1042.

[20] S N PANDEY, S TAPASWI, L SRIVASTAVA. Nodal congestion price estimation in spot power market using artificial neural network [J].

IEE Proc. —Gener. Transm. Distrib. , 2008, 2 (2): 280 - 290.

[21] L ZHANG, P B LUH. Neural network — based market clearing price prediction and confidence interval estimation with an improved extended Kalman filter method [J] . IEEE Transactions on Power Systems, 2005, 20 (1): 59 - 66.

[22] C LI, L XIAO, Y CAO, Q ZHU, et al. Optimal allocation of multi— type FACTS devices in power systems based on power flow entropy [J] . Power Syst. Clean Energy, 2014, 2 (2): 173 - 180.

[23] R S MOHAMMAD, R ASHKAN, O MAJID. Security — basedmulti—objective congestion management for emission reduction in power system [J] . International Journal of Electrical Power & Energy Systems [J] .2015, 65 (2): 124 - 135.

[24] M LIANG, T L STEPHEN, P ZHANG V ROSE, et al. Short— term probabilistic transmission congestion forecasting [C] . International Electrical Utility Deregulation and Restructuring and Power Technologies Conference, 2008: 764 - 770.

[25] M ESMAIL, N AMJADY, H A SHAYANFAR. Stochastic congestion management in power markets using efficient scenario approaches [J] . Energy Conversion and Management, 2010, 51 (11): 2285 - 2293.

[26] 国家发改委. 可再生能源发展 "十二五" 规划 [R], 2012.

[27] A KUMAR, S C SRIVASTAVA, S N SINGH. A zonal congestion management approach using ac transmission congestion distribution factors [J] . Electric Power Systems Research, 2004, 72 (1): 85 - 93.

[28] A KUMAR, S C SRIVASTAVA, S N SINGH. A Zonal congestion management approach using real and reactive power rescheduling [J] . Power Systems, IEEE Transactions on, 2004, 19 (1): 554 - 562.

[29] C A CANIZARES, C HONG, F MILANO, et al. Transmission congestion management and pricing in simple auction electricity markets [J] . International Journal of Emerging Electric Power Systems. 2004, 1 (1): ISSN (Online) 1553 - 779X, DOI: 10. 2202/1553 - 779X. 1000.

[30] 张永平, 焦连伟, 陈寿孙, 等. 电力市场阻塞管理综述 [J]. 电网技术, 2003, 27 (8): 1 - 8.

［31］杜松怀，文福拴，等．电力系统的市场化运营——预测、计划与风险管理［M］．北京：中国电力出版社，2005.

［32］K Y LEE, S MANUSPIYA, C MYEONSONG, et al. Network congestion assessment for short－term transmission planning under deregulated environment［C］. Power Engineering Society Winter Meeting, IEEE, 2001：1266－1271.

［33］Y WANG, H CHENG, C WANG, et al. Pareto optimality－based multi－objective transmission planning considering transmission congestion ［J］. Electric Power Systems Research, 2008 (9)：1619－1626.

［34］J KABOURIS, C D VOURNAS, S EFSTATHIOU, et al. Voltage security considerations in an open power market［C］. International Conference on Electric Utility Deregulation and Restructuring and Power Technologies. London (LJK), 2000：278－283.

［35］R BILLINTON, W LI. Reliability Assessment of Electric Power Systems Using Monte Carlo Methods［M］. New York and London：Plenum Press, 1994.

［36］LIEBER, A NEMIROVSKII, R Y RUBINSTEIN. A fast Monte Carlo method for evaluating reliability indexes［J］. IEEE Transactions on Reliability, 1999, 48 (3)：256－261.

［37］W WANGDEE, R BILLINTON. Reliability performance index probability distribution analysis of bulk electricity systems［J］. Canadian Journal of Electrical and Computer Engineering, 2005, 30 (4)：189－193.

［38］赵渊，周念成，谢开贵，等．大电力系统可靠性评估的灵敏度分析［J］．电网技术，2005, 29 (24)：25－31.

［39］Z MOSTAFA, F MEHDI, R FARZAD. Evaluation of the impacts of relay coordination on power system reliability［J］. International Transactions on Electrical Energy Systems, 2014, 5 (12)：3408－3421.

［40］L GUO, Q QIU , J LIU, et al. Powertransmission risk assessment considering component［J］. Power Syst. Clean Energy, 2014, 2 (1)：50－58.

［41］李文沅．大电力系统可靠性评估的灵敏度分析［M］．周家启，卢继平，等，译．北京：科学出版社，2006.

［42］A. 杜比．蒙特卡洛方法在系统工程中的应用［M］．卫军胡，译．

西安：西安交通大学出版社，2007.

[43] 马玲，谢开贵，周家启，等. 潮流跟踪算法综述 [J]. 重庆大学学报，2004，27（7）：45-49.

[44] 谢开贵，李春燕，周念成，等. 一类潮流跟踪算法的可行性分析 [J]. 电工技术学报，2005，20（8）：7-11.

[45] 幸荣霞，姚爱明，谢开贵，等. 大电网可靠性影响分析的潮流跟踪方法 [J]. 电网技术，2006，30（10）：54-58.

[46] M R M DAHALAN, H MOKHLIS, A H A BAKAR, et al. Overload alleviation scheme based on real time power flow tracing in distribution network [C]. Poer Engineering and Optimization Conference（PEOCO），2014：439-444.

[47] J BIALEK. Tracing the flow of electricity [J]. IEE Proceedings—Generation, Transmission and Distribution, 1996, 143 (4): 313-320.

[48] J BIALEK. Elimination of merchandise surplus due to spot pricing of electricity [J]. IEE Proceedings—Generation, Transmission and Distribution, 1997, 144 (5): 399-405.

[49] J BIALEK. Allocation of transmission supplementary charge to real and reactive Loads [J]. IEEE Transactions on Power Systems, 1998, 13 (3): 749-754.

[50] D KIRSCHEN, R ALLAN, G STRBAC. Contribution of individual generators to loads and flows [J]. IEEE Transactions on Power Systems, 1997, 12 (1) 52-60.

[51] J PAN, Y TEKLU, S RAHMAN, et al. Review of usage—based transmission cost allocation methods under open access [J]. IEEE Transactions on Power Systems, 2000, 15 (4): 1218-1224.

[52] G STRBAC, D KIRSCHEN, S AHMED. Allocating transmission system usage on the basis of traceable contribution of generators and loads to flows [J]. IEEE Transactions on Power Systems, 1998, 13 (2): 527-534.

[53] R BILLINTON, D HUANG. Effects of load forecast uncertainty on bulk electric system reliability evaluation [J]. IEEE Transactions on Power Systems, 2008, 23 (2): 418-425.

[54] S M MOGHADASI, A KAZEMI, M FOTUHI—FIRUZABAD, et

al. Composite system reliability assessment incorporating an interline power—flow controller [J] . IEEE Transactions on Power Delivery, 2008, 23 (2): 1191 – 1199.

[55] L GOEL, R BILLINTON. Pertinent factors in the adequacy evaluation of an overall electric power system [J] . IEE Proceedings Generation, Transmission and Distribution, 1995, 142 (4): 337 – 342.

[56] K XIE, J ZHOU, R BILLINTON. Tracing the unreliability contributions of power system components. Electric Power Components and Systems, 2008, 36 (12): 1299 – 1309.

[57] K XIE, R BILLINTON. Tracing the unreliability and recognizing the major unreliability contribution of network components [J] . Reliability Engineering and System Safety, 2009, 94 (5): 927 – 931.

[58] J W BIALEK, P A KATTUMAN. Proportional sharing assumption in tracing methodology [J] . IEE Proceedings Generation, Transmission and Distribution, 2004, 151 (4): 526 – 532.

[59] K XIE, B HU, K RAJESH. Tracing the component unreliability contributions and recognizing the weak parts of a bulk power system [J] . POWER Euro. Trans. Electr. Power, 2011, 21 (1): 254 – 262.

[60] H GLATVITSCH, F ALVARADO. Management of multiple congested conditions in unbundled operation of a power system [J] . IEEE Transactions on Power Systems, 1998, 13 (3): 1013 – 1019.

[61] W LIN, S CHEN, Y SU. An application of interior—point based OPF for system expansion with FACTS devices in a deregulated environment [C] . 2000 International Conference on Power System Technology Proceedings, 2000, Perth, Australia, 2000: 1407 – 1412.

[62] R D CHRISTIE, I WANGENSTEEN. The energy market in Norway and Sweden: introduction [J] . IEEE Power Engineering Review, 1998, 18 (2): 44 – 45.

[63] R D CHRISTIE, I WANGENSTEEN. The energy market in Norway and Sweden: the spot and futures markets [J] . IEEE Power Engineering Review, 1998, 18 (3): 55 – 56.

[64] R D CHRISTIE, I WANGENSTEEN. The energy market in Nor-

way and Sweden: congestion management [J]. IEEE Power Engineering Review, 1998, 18 (5): 61 - 63.

[65] R D CHRISTIE, B F WOLLENBERG, I WANGENSTEEN. Transmission management in the deregulated environment [J]. Proceedings of the IEEE, 2000, 88 (2): 170 - 195.

[66] K L LO, Y S YUEN, L A SNIDER. Congestion management in deregulated electricity markets [C]. International Conference on Electric Utility Deregulation and Restructuring and Power Technologies. London, UK, 2000: 47 - 52.

[67] H SINGH, S HAO, A PAPALEXOPOULOS. Transmission congestion management in competitive electricity markets [J]. IEEE Transactions on Power Systems, 1998, 13 (2): 672 - 680.

[68] M H GOMES, J T SARAIVA. Congestion management by maximizing the overall satisfaction degree of all participants in the market [C]. 2001 IEEE Porto Power Tech Proceedings, Porto, Portugal, 2001: 1 - 6.

[69] F L ALVARADO, R J CAMFELD, R RAJARAMAN. Open transmission access: an efficient minimal role for the ISO [C]. Proceedings of the Thirtieth Hawaii International Conference on System Sciences. Hawaii, USA, 1997: 571 - 580.

[70] 王秀丽, 甘志, 雷兵, 等. 输电阻塞管理的灵敏度分析模型及算法 [J]. 电力系统自动化, 2002, 26 (4): 10 - 13.

[71] R S FANG, A K DAVID. An integrated congestion management strategy for real-time system operation [J]. IEEE Power Engineering Review, 1999, 19 (5): 52 - 54.

[72] A K DAVID, R S FANG. Congestion management of electric power systems under open transmission access [C]. Fourth International Conference on Advances in Power System Control, Operation and Management, Hong Kong, China, 1997, 2: 469 - 474.

[73] A K DAVID. Dispatch methodologies for open access transmission system [J]. IEEE Transmission on Power System, 1998, 13 (1): 45 - 53.

[74] 杨洪明, 段献忠. 基于模糊理论的双边交易裁减模型 [J]. 电力系统自动化, 2002, 26 (20): 24 - 28.

[75] H H YAN. A Power marketer's experience with fixed transmission rights [C]. IEEE Power Engineering Society Summer Meeting. Edmonton, Canada, 1999 (2): 1351-1352.

[76] A OTT. PJM: a full service ISO market evolution (Panel on evolution of electricity market structures) [C]. IEEE Power Engineering Society Summer Meeting. Edmonton, Canada, 1999 (2): 746-748.

[77] E S BARTHOLOMEW, A S SIDDIQUI, C MARNAY, et al. The New York transmission congestion contract market: Is it truly working efficiently? [J]. The Electricity Journal, 2003, 16 (9): 14-24.

[78] BUSHNELL, JAMES. Transmission rights and market power [J]. The Electricity Journal, 1999, 12 (8): 77-85.

[79] 方军, 张永平, 魏萍, 等. 输电阻塞管理的新方法述评 (一): 基于潮流的可交易输电权 [J]. 电网技术, 2001, 25 (7): 4-8.

[80] 张永平, 方军, 魏萍, 等. 输电阻塞管理的新方法述评 (二): 金融性输电权及与 FGR 之比较 [J]. 电网技术, 2001, 25 (9): 17-20.

[81] R MENDEZ, H RUDNICK. Congestion management and transmission rights in centralized electric markets [J]. IEEE Transactions on Power Systems, 2004, 19 (2): 889-896.

[82] C D VOURNAS. Interruptible load as a competitor to local generation for preserving voltage security. IEEE Power Engineering Society Winter Meeting. Columbus, USA, 2001, 1: 236-240.

[83] 于晗. 基于概率的含风电场电网的输电系统规划方法研究 [D]. 北京: 华北电力大学, 2008.

[84] 王承煦, 张源. 风力发电 [M]. 北京: 中国电力出版社, 2003.

[85] 宫靖远, 等. 风电场工程技术手册 [M]. 北京: 机械工业出版社, 2004.

[86] 薛桁, 朱瑞兆, 杨振斌, 等. 中国风能资源贮量估算量估算 [J]. 太阳能学报, 2001, 22 (2): 167-170.

[87] WWEA. World Wind Energy Report 2010 [EB/OL]. [2011-04-08]. http://www.wwindea.org.

[88] 电力工业"十二五"规划滚动研究 [R]. 中国电力企业联合会网站 (http://www.cec.org.cn/), 2012.

［89］中国电力企业联合会．中国新能源发电发展研究报告［M］．北京：水利水电出版社，2012.

［90］许世森，程健．燃料电池发电系统［M］．北京：中国电力出版社，2005.

［91］魏增福，郑金．燃料电池发电的研究现状与应用前景［J］．广东电力，2009，22（12）：1-7.

［92］李楠．生物沼气发电［J］．生物技术世界，2009（5）：26.

［93］段宏江，张继成．大型潮汐电站关键技术浅析［J］．西北水电，2012（增刊）．

［94］尹忠东，朱永强．可再生能源发电技术［M］．北京：中国水利水电出版社，2010.

［95］J MATEVOSYAN, M OLSSON, L SÖDER. Hydropower planning coordinated with wind power in areas with congestion problems for trading on the spot and the regulating market［J］. Electric Power Systems Research, 2009, 79 (1)：39-48.

［96］J R MATEVOSYAN. Optimal daily planning for hydro power system coordinated with wind power in areas with limited export capability［C］. Probabilistic Methods Applied to Power Systems, PMAPS 2006. International Conference on Date of Conference, 2006：1-8.

［97］J MATEVOSYAN, L SÖDER. Short－term hydropower planning coordinated with wind power in areas with congestion problems［J］. Wind Energy, 2007, 10 (3)：195-208.

［98］L YAO, P CARTWRIGHT, L SCHMITT, et al. Congestion management of transmission systems Using FACTS［C］. Transmission and Distribution Conference and Exhibition：Asia and Pacific, 2005 IEEE/PES Date of Conference, 2005：1-5.

［99］A F K KAMGA, S VOLLER, J F VERSTEGE. Congestion management in transmission systems with large scale integration of wind energy ［C］. Integration of Wide－Scale Renewable Resources Into the Power Delivery System, 2009 CIGRE/IEEE PES Joint Symposium Date of Conference, 2009 (7)：29-31.

［100］R Y RUBINSTEIN. Simulation and Monte Carlo method ［M］.

New York: Wiley, 1981.

[101] C L T BORGES, D M FALCAO, J C O MELLO, et al. Composite reliability evaluation by sequential Monte Carlo simulation on parallel and distributed processing environments [J]. IEEE Transactions on Power System, 2001, 16 (2): 203 - 209.

[102] J R UBEDA, R N ALLAN. Reliability assessment of composite hydrothermal generation and transmission systems using sequential simulation [J]. IEE Proceedings—Generation, Transmission and Distribution, 1994, 141 (4): 257 - 262.

[103] R BILLINTON, A JONNAVITHULA. Application of sequential Monte Carlo simulation to evaluation of distributions of composite system indices [J]. IEE Proceedings—Generation Transmission and Distribution, 1997, 144 (2): 87 - 90.

[104] A SANKARAKRISHNAN, R BILLINTON. Sequential Monte Carlo simulation for composite power systems reliability analysis with time varying loads [J]. IEEE Transactions on Power Systems, 1995, 10: 1540 - 1545.

[105] J R UBEDA, R N ALLAN. Sequential simulation applied to composite system reliability evaluation [J]. IEE Proceedings — C Generation, Transmission and Distribution, 1992, 139 (2): 81 - 86.

[106] R BILLINTON, W LI. A System State Transition Sampling Method for Composite System Reliability Evaluation [J]. IEEE Trans. on Power Systems, 1993, 8 (3): 761 - 770.

[107] T K P MEDICHERLA, R BILLINTON, M S SACHDEV. Generation rescheduling and load shedding to alleviate line overloads — system studies [J]. IEEE Transactions on Power Apparatus & Systems, 1981, PAS-100 (1): 36 - 42.

[108] 赵渊，周家启，刘洋. 发输电组合系统可靠性评估中的最优负荷削减模型分析 [J]. 电网技术，2004, 28 (10): 34 - 37.

[109] IEEE COMMITTEE. IEEE reliability test system [J]. IEEE Transactions on Power Apparatus and System, 1979, 98 (6): 2047 - 2054.

[110] D SUN. Market — based congestion management [C]. 2000

IEEE Power Engineering Society. Winter Meeting. Singapore（Singapore），2000（1）：127.

[111] M NARIMANI, S H HOSSEINIAN, B VAHIDI. A modified methodology in electricity tracing problems based on Bialek's method [J]. International Journal of Electrical Power and Energy Systems, 2014（60）：74 - 81.

[112] 王海超，鲁宗相，周双喜. 风电场发电容量可信度研究 [J]. 中国电机工程学报，2005，25（10）：103 - 106.

[113] 张硕，李庚银，周明. 考虑输电元件故障的风电场容量可信度计算 [J]. 中国电机工程学报，2010，30（16）：19 - 25.

[114] L L GARVER. Effective load carrying capability of generating Units [J]. IEEE Transactions on Power Apparatus and Systems, 1966, 85 (8)：910 - 919.

[115] B MARTIN, M DIESENDORF. Calculating the capacity credit of wind power [C]. The Fourth Biennial Conference, Simulation Society of Australia, Queesland, Australia, 1980.

[116] R BILLINTON, H CHEN. Assessment of risk—based capacity benefit factors associated with wind energy Conversion Systems [J]. IEEE Transactions on Power Systems, 1998, 13 (3)：1191 - 1196.

[117] R V KRIS, D D WILLIAM. An analytical formula for the capacity credit of wind power [J]. Renewable Energy, 2006 (31) : 45 - 54.

[118] R M G CASTRO, L A F M FERREIRA. A Comparison between chronological and probabilistic methods to estimate Wind Power Capacity Credit [J]. IEEE Transactions on Power Systems, 2001, 16 (4)：904 - 909.

[119] R BILLINTON, G BAI. Generating capacity adequacy associated with wind energy [J]. IEEE Transactions on Energy Conversion, 2004, 19 (3)：641 - 646.

[120] A MIKAEL. Comparison of capacity credit calculation methods for conventional power plants and wind power [J]. IEEE Transactions on Power Systems, 2009, 24 (2)：685 - 691.

[121] 王承熙，张源. 风力发电 [M]. 北京：中国电力出版社，2002：158 - 159.

[122] 钟浩，唐民富．风电场发电可靠性及容量可信度评估 [J]．电力系统保护与控制，2012，40（18）：75-80．

[123] 张宁，康重庆，肖晋宇，等．风电容量可信度研究综述与展望 [J]．中国电机工程学报，2015，35（1）：82-94．

[124] D S CALLAWAY. Sequential reliability forecasting for wind energy: temperature dependence and probability distributions [J]. IEEE Transactions on Energy Conversion，2010，25（2）：577-585．

[125] F A BHUIYAN, A YAZDANI. Reliability assessment of a wind—power system with integrated energy storage [J]. IET Renewable Power Generation，2010，4（3）：211-220．

[126] 孙若笛，谢开贵．计及风速—负荷相关性的配电网可靠性评估 Monte Carlo 模拟法 [J]．电力系统保护与控制，2011，40（18）：12-18．

[127] R BILLINTON, H CHEN, R GHAJAR. Time—series models for reliability evaluation of power systems including wind energy [J]. Microelectron Reliab.，1996，36（9）：1253-1261．

[128] 姚国平，余岳峰，王志征．如东沿海地区风速数据分析及风力发电量计算 [J]．电力自动化设备，2004，24（4）：12-14．

[129] S H JANGAMSHETTI, V G RAN. Optimum siting of wind turbine generators [J]. IEEE Trans on Energy Conservation，2001，16（1）：8-13．

[130] C G JUSTUS, W R HARGRAVES, A MIKHAIL, et al. Methods for estimating winds peed frequency distributions [J]. Journal of Applied Meteorology，1978，17（3）：350-353．

[131] A E FEIJOO, J CIDROS, J L GDORNELAS. Winds Peed simulation in wind farms for steady—state security assessment of electrical Power systems [J]. IEEE Trans on Energy Conservation，1999，14（4）：1582-1588．

[132] S LI, D C WUNSCH, E A OHAIR, et al. Using neural networks to estimate wind turbine power generation [J]. IEEE Transactions on Energy Conversion，2001，16（3）：276-282．

[133] 谢绍宇，王秀丽，曲翀，等．分割多目标风险分析框架下不同风速模拟方法对电力系统可靠性评估的影响 [J]．电机工程学报，2013，33（31）：81-89．

[134] A R DANIEL, A A CHEN. Stochastic simulation and forecasting of hourly average wind speed sequences in Jamaica [J]. Solar Energy, 1991, 46 (1): 1-11.

[135] K LALARUKH, Z J YASMIN. Time series models to simulate and forecast hourly averaged wind speed in Quetta, Pakistan [J]. Solar Energy, 1997, 61 (1): 23-32.

[136] P WANG, R BILLINTON. Time-sequential simulation technique for rural distribution system reliability cost/worth evaluation including wind generation as alternative supply [J]. IEE Proceedings: Generation, Transmission and Distribution, 2001, 148 (4): 355-360.

[137] 杨秀媛, 肖洋, 陈树勇. 风电场风速和发电功率预测研究 [J]. 中国电机工程学报, 2005, 25 (11): 1-5.

[138] P SANDERHOFF. PARK-Users Guide [S]. Riso National Laboratory, Roskilde, Denmark, 1993.

[139] A S DAVID. Wind turbinetechnology-fundamental concepts of wind turbine engineering [M]. New York: ASME, 1994: 313-315.

[140] 何禹清, 彭建春, 孙芊. 考虑风电能量随机性的配电网可靠性快速评估 [J]. 中国电机工程学报, 2010, 30 (13): 16-22.

[141] R BILLINTON, Y GAO. Multistate wind energy conversion system models for adequacy assessment of generating systems [J]. IEEE Transactions on Power Systems, 2008, 23 (1): 163-170.

[142] 朱建平. 应用多元统计分析 [M]. 北京: 科学出版社, 2006.

[143] Y GAO, R BILLINTON R. Adequacy assessment of generating systems containing wind power considering wind speed correlation [J]. IET Renewable Power Generation, 2009, 3 (2): 217-226.

[144] 陈树勇, 戴慧珠, 白晓民, 等. 风电场的发电可靠性模型及其应用 [J]. 中国电机工程学报, 2000, 20 (3): 26-28.

[145] 梁双, 胡学浩, 张东霞, 等. 考虑风速变化特性的风电容量可信度评估方法 [J]. 中国电机工程学报, 2013, 33 (10): 18-26.

[146] 汪海瑛, 白晓民. 大规模风电场的发电充裕度与容量可信度评估 [J]. 电网技术, 2012, 36 (6): 200-206.

附　录

附表 1　　　　　　　　　8736 小时负荷曲线的 70 级负荷模型

序号（k）	负荷区间	时点数	负荷水平（L_k）	概率（P_k）	累计概率（CP_k）
1	［30.5%，31.5%）	3	31%	0.00034	0.00034
2	［31.5%，32.5%）	12	32%	0.00137	0.00172
3	［32.5%，33.5%）	24	33%	0.00275	0.00275
4	［33.5%，34.5%）	30	34%	0.00343	0.00790
5	［34.5%，35.5%）	52	35%	0.00595	0.01385
6	［35.5%，36.5%）	57	36%	0.00652	0.02038
7	［36.5%，37.5%）	52	37%	0.00595	0.02633
8	［37.5%，38.5%）	59	38%	0.00675	0.03308
9	［38.5%，39.5%）	91	39%	0.01042	0.04350
10	［39.5%，40.5%）	144	40%	0.01648	0.05998
11	［40.5%，41.5%）	149	41%	0.01706	0.07704
12	［41.5%，42.5%）	146	42%	0.01671	0.09375
13	［42.5%，43.5%）	168	43%	0.01923	0.11298
14	［43.5%，44.5%）	178	44%	0.02038	0.13336
15	［44.5%，45.5%）	89	45%	0.01019	0.14354
16	［45.5%，46.5%）	268	46%	0.03068	0.17422
17	［46.5%，47.5%）	189	47%	0.02163	0.19586
18	［47.5%，48.5%）	198	48%	0.02266	0.21852
19	［48.5%，49.5%）	246	49%	0.02816	0.24668
20	［49.5%，50.5%）	242	50%	0.02770	0.27438
21	［50.5%，51.5%）	213	51%	0.02438	0.29876

序号（k）	负荷区间	时点数	负荷水平（L_k）	概率（P_k）	累计概率（CP_k）
22	[51.5%，52.5%)	205	52%	0.02347	0.32223
23	[52.5%，53.5%)	191	53%	0.02186	0.34409
24	[53.5%，54.5%)	192	54%	0.02198	0.36607
25	[54.5%，55.5%)	184	55%	0.02106	0.38713
26	[55.5%，56.5%)	155	56%	0.01774	0.40488
27	[56.5%，57.5%)	162	57%	0.01854	0.42342
28	[57.5%，58.5%)	150	58%	0.01717	0.44059
29	[58.5%，59.5%)	161	59%	0.01843	0.45902
30	[59.5%，60.5%)	177	60%	0.02026	0.47928
31	[60.5%，61.5%)	203	61%	0.02324	0.50252
32	[61.5%，62.5%)	220	62%	0.02518	0.52770
33	[62.5%，63.5%)	199	63%	0.02278	0.55048
34	[63.5%，64.5%)	244	64%	0.02793	0.57841
35	[64.5%，65.5%)	222	65%	0.02541	0.60382
36	[65.5%，66.5%)	216	66%	0.02473	0.62855
37	[66.5%，67.5%)	217	67%	0.02484	0.65339
38	[67.5%，68.5%)	198	68%	0.02266	0.67605
39	[68.5%，69.5%)	197	69%	0.02255	0.69860
40	[69.5%，70.5%)	165	70%	0.01889	0.71749
41	[70.5%，71.5%)	161	71%	0.01843	0.73592
42	[71.5%，72.5%)	155	72%	0.01774	0.75366
43	[72.5%，73.5%)	124	73%	0.01419	0.76786
44	[73.5%，74.5%)	170	74%	0.01946	0.78732
45	[74.5%，75.5%)	130	75%	0.01488	0.80220
46	[75.5%，76.5%)	209	76%	0.02392	0.82612
47	[76.5%，77.5%)	54	77%	0.00618	0.83230
48	[77.5%，78.5%)	163	78%	0.01866	0.85096
49	[78.5%，79.5%)	162	79%	0.01854	0.86951
50	[79.5%，80.5%)	151	80%	0.01728	0.88679

序号（k）	负荷区间	时点数	负荷水平（L_k）	概率（P_k）	累计概率（CP_k）
51	[80.5%，81.5%)	120	81%	0.01374	0.90053
52	[81.5%，82.5%)	135	82%	0.01545	0.91598
53	[82.5%，83.5%)	126	83%	0.01442	0.93040
54	[83.5%，84.5%)	130	84%	0.01488	0.94528
55	[84.5%，85.5%)	89	85%	0.01019	0.95547
56	[85.5%，86.5%)	83	86%	0.00950	0.96497
57	[86.5%，87.5%)	61	87%	0.00698	0.97196
58	[87.5%，88.5%)	63	88%	0.00721	0.97917
59	[88.5%，89.5%)	54	89%	0.00618	0.98535
60	[89.5%，90.5%)	40	90%	0.00458	0.98993
61	[90.5%，91.5%)	21	91%	0.00240	0.99233
62	[91.5%，92.5%)	15	92%	0.00172	0.99405
63	[92.5%，93.5%)	17	93%	0.00195	0.99599
64	[93.5%，94.5%)	12	94%	0.00137	0.99737
65	[94.5%，95.5%)	9	95%	0.00103	0.99840
66	[95.5%，96.5%)	6	96%	0.00069	0.99908
67	[96.5%，97.5%)	3	97%	0.00034	0.99943
68	[97.5%，98.5%)	2	98%	0.00023	0.99966
69	[98.5%，99.5%)	1	99%	0.00011	0.99977
70	[99.5%，100%]	2	100%	0.00023	1.00000
总计		8736		1	

附表 2　　　　　　　　　英文缩写词及符号列表

英文缩写词或符号	英文全称或含义	中文含义
AR	Auto－Regressive	自回归（模型）
ARIMA	Auto－Regressive Integrated Moving Average	累积式自回归—滑动平均（模型）
ARMA	Auto－Regressive Moving Average	自回归滑动平均（模型）

英文缩写词或符号	英文全称或含义	中文含义
CC	Capacity Credit	容量可信度
EENS	Expected Energy Not Supplied	期望缺供电量
EFC	Equivalent Firm Capacity	有效固定容量
ELCC	Effective Load Carrying Capability	有效载荷能力
FACTS	Flexible AC Transmission System	灵活交流输电
FCSP	Failed Components Sharing Principle	故障元件分摊准则
FLOL	Frequency Loss－of－Load	失负荷频率
IEAR	Interrupted Energy Assessment Rate	停电损失评价率
Pass－I	Load Curtail Strategy By Near	就近负荷削减策略
LMP	Locational Marginal Price	区域边际价格
LOLE	Loss of Load Expectation	失负荷时间期望
LOLP	Loss of Load Probability	失负荷概率
MA	Moving Average	滑动平均（模型）
MCP	Market Clearing Price	市场清算价格
OPF	Optimal Power Flow	最优潮流
PSP	Proportional Sharing Principle	比例分摊准则
SCC	System Congestion Capacity	系统阻塞容量
SCE	System Congestion Energy	系统受阻电量
SCF	System Congestion Frequency	系统阻塞频率
SCP	System Congestion Probability	系统阻塞概率
TC	Transmission Congestion	输电阻塞
TCC	Transmission Congestion Cost	输电阻塞成本指标
TCDF	Transmission Congestion Distribution Factors	输电阻塞分布因子
TCTSF	Transmission Congestion Tracing Sharing Factors	输电阻塞跟踪分摊因子
TLCC	Transmission Line Congestion Capacity	输电元件阻塞容量
TLCE	Transmission Line Congestion Energy	输电元件受阻电量

英文缩写词 或符号	英文全称或含义	中文含义
TLCF	Transmission Line Congestion Frequency	输电元件阻塞频率
TLCP	Transmission Line Congestion Probability	输电元件阻塞概率
TSO	Transmission System Operator	输电系统运行人员
WTG	Wind Turbine Generation	风电机组
$TLCP_i$	TC occurring probability at transmission line$i$	输电元件 i 阻塞概率
$TLCF_i$	The frequency of TC occurring at transmission line$i$	输电元件 i 阻塞频率
$TLCC_{i-max}$	The maximum congestion capacity of transmission line$i$	输电元件 i 最大阻塞容量
$TLCC_{i-aver}$	The average congestion capacity of transmission line$i$	输电元件 i 平均阻塞容量
$TLCE_i$	Congestion energy of the ith transmission line	输电元件 i 受阻容量
SCC_{max}	The maximum System Congestion Capacity	系统最大阻塞容量
SCC_{aver}	The average System Congestion Capacity	系统平均阻塞容量
SCP_{WB}	Wind Generation SCP Benefit	风电出力对系统阻塞概率贡献
SCF_{WB}	Wind Generation SCF Benefit	风电出力对系统阻塞频率贡献
SCE_{WB}	Wind Generation SCE Benefit	风电出力对系统受阻电量贡献

致　谢

本书从调研、选题、开题、实验到最终的撰写、修改、完成，要感谢胡博副教授以及曹侃、纪静、蒋泽甫、李玉敦、杨贺钧等博士，为本书提供了许多帮助和好的建议。

在此，要特别感谢后勤工程学院军事物流教研室的王丰主任、姜大立主任及全体老师，在我读博士期间，是你们为我分担了许多工作任务，为我创造了宝贵的学习机会和条件。感谢冯云教授对我的论文实验工作提出的宝贵建议。

在此，我要感谢我的家人。多年以来，你们一直默默地、无私地为我付出，在我最困难的时候给我鼓励，今生我最大的幸福就是与你们相伴，得到你们的关心、爱护和支持！

感谢在读博士期间帮助过、支持过我的所有领导、老师、同学和朋友！本书也凝结了他们的心血与汗水！

甘　明
2017 年 3 月于重庆